KB234764

여행에서 문화를 만나다

세계문화관광

여행에서 문화를 만나다

세계문화관광

동시영 지음

여행이 불어 주는 불멸의 나팔 소리를 들으라

여행은 살아 있으면서 다시 태어나는 것.

나의 기행 시집 '낯선 신을 찾아서'에 수록된 시, 테살로니키에 그렇게 썼다. 아테네에서 밤 열한 시 기차를 타고 새벽 일곱 시 테살로니키에 도착했다. 그때 테살로니키는 최상의 낯섦을 내게 선물로 주었다.

테살로니키는 무어라 구체적으로 말할 수는 없지만 신비로움의 찬란한 새벽빛 옷을 입고 나를 맞이하고 있었다. 알렉산더대왕이 태어난 펠라의 바로 옆, 그곳에서 나는 그렇게 또 태어나고 있었다.

여행은 우릴 새로운 공간과 시간, 낯선 문화 속에 다시 태어나게 한다. 그리고 그 속에서 우리는 새로운 한 살을 맞이할 수 있다. 그때 우리는 여행이 불어 주는 불멸의 나팔 소리를 들을 수 있다.

여행은 누구에게나 두근대는 심장이다. 그리고 만남의 신화가 우릴 기다리게 하는 것이다. 그건 우리의 몸과 마음으로 새로운 땅과 하늘을 연주하는 것이다. 그 음악이 우리의 새로운 숨결이 되게 하는 것이다. 침묵의 대가인 시간 속에서 우리의 삶은 봄 여름 가을 겨울처럼 예외 없이 변한다. 그리고 때론 희망이 절망한다. 그러나 삶의 무게를 여행 안에 내려놓으면 미지의 여왕, 새로운 땅은 미소의 손길로 다가오기도 한다. 때론 길을 잃고 헤맬 때도 여행은 낙엽 없는 희망의 길을 싹트게 하기도 한다. 또한 여행은 우리들 마음의 목마름을 적셔 줄 마르지 않는 샘물이다.

여행은 나의 오랜 습관이다. 시간만 나면 어디론가 떠났다 오곤 했다. 나의 외국인 직장 동료, 채린 교수의 장난스러운 말처럼 아마도 내 혈액형이 A형도 O형도 아닌 집시형일지도 모를 일이다.

이 책에 담긴 이야기들은 아주 먼 곳에서 나를 따라온 것들이다. 그 멀고 먼 곳으로 나를 떠나게 한 것은 무엇이었던가? 그건 바로 어린 시절 읽었던 책들이었다. 학기마다 새롭게 학교에서 나누어 주었던 권장 도서 목록의 책들을 읽어가며 색연필로 읽은 책 제목을 하나씩 칠하곤 했던 그때가 생각난다.

인생의 견습생 시절 밤새워 읽곤 했던 책들은 생의 골목에서 끝없이 나를 방문하곤 했다. 처음 만남의 기억은 점점 흐릿해졌지만 그들에게 점점 더 다가가는 느낌이 듦은 어쩔 수 없는 것이었다. 틈나면 오래전에 알게 된 그들과 관련된 것들을 찾아 읽기도 했었다. 그리고 내가 읽었던 책들의 산실을 가 보고 싶어졌다.

아침마다 갓 태어난 햇살로 세수하는 시베리아 횡단 철도 가에 늘어선 자작나무, 야생화, 시냇물…… 그 너머의 야스나야폴랴나를 찾았다. 그리고 기억의 어깨너머로 톨스토이를 만났다. 여름 시간 한 자락을 기차에 싣고 셰익스피어의 고향 스트랫퍼드 어폰 에이번으로 달리기도 했다. 그때 영화 센스 앤드 센서빌리티에 나오는 마을과 들을 닮은 풍경을 만나기도 했다. 그리고 영화에 나오는 셰익스피어의 소네트 116번을 떠올리다가 바로 내 뒷자리에 앉았던, 소니아 사빌리에라는 변호사이자 연극배우인 아름다운 영국 여인을 만나기도 했다.

피렌체의 베키오 다리를 단테와 베아트리체를 생각하며 건너기도 했다. 그때 다리 밑을 흐르는 아르노 강 물결과 함께 아리아, 오 사랑하는 나의 아버지가 내 마음으로 흘러들어 오는 듯하기도 했다.

그리고 예술가들의 작업실이기도 했던 파리의 세계적 레스토랑들을 찾기도 했다. 화가와 시인, 소설가, 샹송 가수…… 그들이 가졌던 꿈의 무지개가 솟아나곤 했던 예술의 성소, 그곳에서 에디트 피아프의 장밋빛 인생을 마음으로 듣기도 했다.

또한 독일의 바이마르, 일본의 마쓰야마…… 그 모든 곳들에서 함께 했던 바람, 나무들, 사람들…… 햇살이 때론 장밋빛으로 웃었고 빗물이 때론 내 얼굴의 행복한 땀을 닦아 주기도 했다.

여기 담긴 글들은 이 모든 것들이 남기고 간 메아리들이다. 이 책에서 독자들은 세계적 관광 명소들을 만날 수 있을 것이다. 그리고 시인, 소설가, 화가, 샹송 가수…… 다양한 예술가 그리고 작품들을 만날 것이다. 또한 마음속으로 세계적 레스토랑에 들러 식사도 하고 갑자기 영화가 보고 싶어질지도 모를 일이다. 이 한 권의 소박한 책으로 독자 여러분들이 세계적 관광 명소와 문학, 미술, 영화, 음악 등의 문화를 함께 향유할 수 있기를 기대해 본다. 그리고 그 향유의 순간들이 크게 자라나길 기대해 본다. 그것이 독자 여러분들로 하여금 문화의 길목으로 떠나 행복한 나그네가 되게 할 수 있었으면 더욱 기쁘겠다. 또한 우리의 관광 문화 속에 문화 관광의 물결이 가득 넘쳐나게 하는 데 기여할 수 있기를 기대해 본다. 특히 관광을 공부하는 학생들, 여행사 사장님들, 가이드 등 관광업에 종사하는 분들을 이 책을 통해 만날 수 있길 기대해 본다. 아울러 이 책을 통해 세계 명작을 읽는, 읽었던 독자들이 그 산실의 숨소리를 생생하게 들을 수 있게 될 것을 희망한다.

그리고 아직 글에 담아 주지 못한 바르셀로나의 피카소, 가우디, 페테르부르크의 푸시킨, 더블린의 제임스 조이스, 바르비종의 밀레…… 등등에게 미안하다고 말해 주어야겠다. 그리고 언제나 변함없이 함께 여행한 남편과 같이 있어 항상 기쁘고 행복한 가족들에게도 감사의 마음을 전한다.

2011년 가을 어느 날
저자 동시영

CONTENTS

마음에 따르는 레드 와인 풍차

파리의 카페, 예술, 장밋빛 인생

칠월의 태양 아래 파리는 빛나고 있었다. 오페라하우스는 금빛 찬란한 날개로 파리의 하늘을 한 바퀴 날다가 방금 내려앉은 거대한 새처럼 앉아 있었다.

라화야떼의 여름 세일로 순간이 하나씩 팔려나가고 그리곤 저녁이 오고 있었다. 지난번 파리 여행 때 들르지 못했던 물랭루즈를 이번엔 만날 것이다. 예약을 위해 전화했을 때 로트레크 코스를 안내했었다. 사실 물랭루즈 공연을 꼭 보고 싶게 한 것은 바로 로트레크였다. 미리 구입했던 오픈투어 티켓으로 버스를 타고 몽마르트르 역에서 내렸다.

물랭루즈 맞은 편엔 벤치가 놓여 있는 휴식 공간이 있었다. 공연이 시작되려면 아직 삼십여 분이 남았다. 벤치에 앉아 지나가는 사람들을 구경하기로 했다. 아이스크림 먹는 두 남자가 지나가고, 흰 수염 남자가 지나가고 인도 옷과 사리 입은 여자가 지나가고, 제법 나이 든 일곱 명의 남자들이 악기를 하나씩 들고 어두워가는 푸른 하늘 아래서 무언가 즐거운 대화를 나누고 있었다. 그리고 배낭을 진 여행객들이 한 떼 지나가며 낯선 언어로 공간을 울리고 있었다. 그들은 맑은소리로 지저귀며 날아가는 새떼들처럼 멀어져 갔다.

물랭루즈는 길 건너 편에 붉게 서 있었다. 빨간 풍차가 어두워가는 밤하늘에 휘돌며 사람들 마음에 술렁이는 흥분을 길어 올리고 있었다. 붉은 와인을 가득 담은 와인병 같은 풍차의 몸체 끝에서 휘돌고 있는 풍차의 날개는 바라보고 있는 사람들 마음 잔에 따르는 레드와인이었다. 바라다볼수록 취하는 풍차는 술보다 더 취하는 마법의 술이었다.

기다림의 시간이 가고 물랭루즈 입구의 계단을 들어서자 왼쪽에 걸린 로트레크의 그림, 겹겹의 치마 깃을 들어 올린, 치마가 만든 공간으로 무희의 멋진 다리가 보이고 춤에 맞춰 흔들대며 취한 목을 끄덕이는 남자의 모습이 마주하고 있다. 치마 속처럼 신비한 동굴은 또 없으리라. 문이 열린 동굴을 입고 다니는 여인의 치마는 유혹의 표징임에 틀림없다. 극장 안은 즐거움을 기다리는 사람들로 가득했다. 행

복을 바른 얼굴을 축제날 애드벌룬처럼 가득 띄우고 있었다.

이윽고 공연이 시작되었다. 귀에 익은 샹송이 흘러가고 현란한 춤 사위 너머 프랑스의 축소형 역사가 보이더니 물에 가득한 뱀들 사이로 뛰어들어 수용하는 미녀의 쇼킹한 장면, 사이사이에 마술과 익살스러운 몸짓이 무대 위에 오르고 내렸다. 공연 내내 내 머릿속엔 보고 있는 공연과 로트레크 당시에 대한 상상의 날개가 함께 날고 있었다.

알퐁스 드 툴루즈 로트레크 백작과 그의 사촌 동생인 아델 드 툴루즈 로트레크 백작부인 사이에서 태어난 로트레크는 '작은 보석'으로 불리며 온갖 사랑을 받고 어린 시절을 보냈었다. 승마와 그림 등을 배웠으며 특히 그림 그리기에 몰두했다.

그는 열세 살 때 의자에서 떨어지는 사고를 당해 대퇴골을 다쳤다. 너무 약해 잘 낫지 않았고 결국 불구자가 된다. 그리고 아버지마저도 그를 잘 대하지 않았다. 그것들이 그에게 평생 슬픔을 안겨 주었다. 물랭루즈가 새롭게 처음 문을 여는 날도 그는 여기에 앉아 있었다.

그리고 당시 물랭루즈의 여왕, 최고의 댄서, 라 굴뤼의 춤을 바라보기도 하고 흥분된 무도장의 무희들, 그리고 그를 구경하는 사람들을 데생하곤 했다. 당시 이곳은 환락과 춤 그리고 사랑의 거래가 흥행했던 장소였다. 이곳을 드나들던 사람은 그때도 프랑스 사람이 전부가 아니었다. 지금처럼 외국에서 찾아오는 사람들도 많았다.

로트레크는 술을 마시며 때로는 불에 그을린 성냥개비로 보이는 아무 종이에나 즉흥 스케치를 하기도 했다. 그리고 밤늦도록 몽마르트르의 술집을 전전하기도 했다. 그리고 물랭루즈에 새로운 무용수로 등장한 잔 아브릴의 춤 그리고 사소한 움직임까지도 그렸다. 잔 아브릴의 춤은 라 굴뤼의 춤과는 전혀 다른, 정신세계를 몸의 언어로 보여 주는 그런 것이었다 한다.

이 무렵 자연주의 문예사조의 영향으로 생의 가장 밑바닥에서 삶을 가장 리얼하게 보여줄 수 있는 매춘부들을 대상으로 한 예술 작품들이 쏟아져 나왔다. 내가 읽었던 가장 기억에 남는 그 무렵 이런 류의 소설은 졸라의 『나나』였다. 목로주점이나 그런 다른 소설들보다 지금도 선명하게 기억나는 장면이 가장 많은 것은 역시 『나나』였다. 특히, 소설의 첫 장면은 당시 대학 1학년이었던 나로서는 조금 충격적이었다고나 할까… 아무튼 그런 류의 자연주의 문예사조의 유행에 따른 것이라 할까. 로트레크 역시 창녀들에 대한 그림을 그린다. 그리고 그들과 함께 생활하며 그들의 꾸밈없는 생생한 일상을 그리기도 했다. 이 무렵 그는 시인 말라르메 등과도 많은 교류를 했다.

춤추는 무희의 현란한 몸짓이 무대 위에서 찬란했고 그들의 몸짓 틈새로 로트레크가 즐겨 그렸던 라 굴뤼와 잔 아브릴의 춤사위가 가끔 보이는 듯했다. 밤늦은 시간 극장을 나섰고 지하철을 타러 계단을 내려갔다. 사람들은 공연이 주는 열기에 젖어 들뜬 얼굴을 하고 저마다의 즐거움을 함께 온 사람들과 나누고 있었다. 호텔로 돌아와 새벽을 깨우는 한 시, 이번 여행엔 특별히 파리의 유명 예술 카페를 한 번씩 둘러봐야겠다는 생각을 했다. 내일은 믈랭 드 라 갈레트 등 몽마르트르의 여러 카페들을 찾아 가 봐야겠다는 생각을 하니 오늘을 잠재우기 전 내일이 빨리 왔으면 싶었다.

다음 날 아침, 다시 몽마르트르를 찾았다. 어제의 물랭루즈를 뒤로 하고 비스듬히 언덕진 르픽 거리를 걸어 올라갔다. 고흐의 아틀리에를 지나며 불행했던 그의 생과 오늘날 가장 많은 대중적 관심을 받고 있는, 여행지에서 자주 만나곤 했던 그의 그림들을 떠올려 보았다. 르픽 거리를 오르다 보이는 작고 예쁜 기념품, 액세서리 가게들을 바라보았다. 그리고 그 중 가장 예쁜 가게에 들러 머리핀을 샀다. 길은 약간 숨찰 듯 오르막이었고 핑크빛과 자줏빛 베리 종류를 팔고 있었다. 각종 치즈와 생선이 즐비한 길목을 지나, 르픽 거리의 정점에서 믈랭 드 라 갈레트를 만났다.

그곳에 닿았을 때 아쉬운 표정의 사람들이 많이 모여 있는 것을 보았다. 현재는 문이 닫혀 있어 안으로 들어가 볼 수 없고 영업을 하지 않는다는 것이었다. 아쉬웠다. 닫힌 문 너머로 풍차의 윗부분이 보였고 푸른 나뭇잎이 미안하다는 듯 손짓하고 있었다. 이곳을 즐기고 그리기 위해 언덕을 오르내렸을 화가들 그리고 그들의 그림들을 떠올려 보았다. 르누아르의 <믈랭 드 라 갈레트에서의 무도회>가 가장 먼저 떠올랐다. 그림 속의 너무나 아름다운 사람들은 인간이 누리는 최고의 환락을 지상에서의 최고조 기쁨으로 화폭 안에 펼쳐 보이고 있었다.

▲ 물랭 드 라 갈레트

▲ 물랭 드 라 갈레트에서의 무도회

　그리고 풍차를 전면에 크게 그려 넣었던 전원풍인 고흐의 그림, 로트레크의 <물랭 드 갈레트에서>가 순간 스쳐 갔다. 같은 공간을 너무나 다르게 표현했던 화가들. 아름답고 밝은 사람들로 가득한 르누아르의 그림과 달리 로트레크의 그림은 다소 어둡고 많은 사람들이 아닌 몇몇 사람들에 시선이 집중된 그림이었다. 아쉬움 속에 물랭 드 갈레트를 남겨 두고 언덕을 내려와 골목길을 걸었다. 사람들이 줄지어 순례자들처럼 섞돌고 있었다. 로트레크의 아틀리에가 있었던 콜랭쿠르 거리였다. 사람들은 약속이나 한 듯 저마다 여기 모여 하루 위를 걷고 로트레크를 비롯하여 당시 파리의 화가들이 헤매듯 수없이 오르내렸을 비스듬한 언덕길을 오르내리며 걷고 있었다.

　그리고 생각해 본다. 우리나라엔, 서울엔, 왜 이런 예술의 순례길이 없을까? 세계인들이 모여 함께하진 못한다 하더라도 한국인끼리라도 순례하듯 찾아다닐 수 있는 예술적 성소 같은 그런 곳이 한국인에겐 절대 필요하다. 지금부터라도 몇백 년 후 우리 후손들이 이렇게 순례할 수 있는 예술 카페가 탄생할 수 있도록 해야 할 것이다.

　문득 아일랜드 더블린에서 들렀던 율리시즈의 술집 장면 현장 같은 더템플바가 그리워졌다. 순례자들의 술렁거림에 끼어 피카소의 그림을 생산했던 세탁선을 지나 한참을 걸어 달리(DALI) 미술관에 갔다.

　십 유로를 내고 들어선 미술관은 사람들로 가득했다. 가장 먼저 눈에 들어 온 것은 어릴 적 미술 교과서에선가 봤던 입술 모양 소파였다. 진한 핑크빛 소파가 커다란 입술 하나였다. 로미오와 줄리엣, 이상한 나라의 엘리스, 초현실주의의 기억들…… 달리는 낯설게 하기에 신들린 예술가란 생각이 들었다. 작품마다 새로운 예술적 충격, 그것이 그의 예술 안에 살고 있었다.

다음날 몽마르트르를 다시 찾았다. 파리에 온 거의 모든 사람들이 들려가는 곳, 테르트르 광장엔 사람들로 가득했다. 가난한 화가들이 그릴 사람을 찾느라 가벼운 호객도 하는 곳, 그리기 안에서 그들은 행복해 보였다. 우리가 잘 아는 로트레크, 고흐 모딜리아니 등도 한때는 여기서 무명의 그림쟁이 노릇을 한 곳, 이곳에 온 사람들은 항상 여길 소용돌이치듯 한 바퀴 돌아 어디론가 사라지곤 한다. 나도 지난번과 같이 한 바퀴 돌고 밖으로 나왔다.

거리의 악사들을 뒤로하고 오베르주 드 라 본느 프랑게트로 향했다. 입구엔 예쁜 파리 아가씨가 안내하고 있었다. 아직 이른 점심 시간이라 그런지 사람들이 비교적 적었다. 야채수프와 샐러드로 식사를 하고 내부를 좀 구경하고 사진을 찍겠다고 양해를 구하자 그러라고 했다. 실내는 갤러리처럼 많은 그림이 걸려 있었다. 들어오기 전, 밖

에서 바라본 오베르주 드 라 프랑게트의 모습은 고흐의 <몽마르트르의 선술집>에서 본 모습과 거의 그대로였다. 그 그림의 배경으로 그려진 그림 속의 건물 모습은 지금도 그냥 그대로 있었다.

▲ 오베르주 드 라 본느 프랑게트

　　이곳은 1890년경부터 고흐, 세잔, 드가, 로트레크, 졸라, 모네, 르누
아르 등이 모여 예술을 이야기하고 인생을 논한 바로 그곳이다. 당시
이곳은 다른 카페나 레스토랑, 술집보다 비교적 저렴한 쉴 곳이었고
가난한 예술가의 아지트가 된 곳이었다. 걸려 있는 그림 중에는 고흐
의 그림이 가장 많은 듯했다.

▲ 오베르주 드 라 본느 프랑게트의 내부

　　고흐의 그림 등을 마음에 새기며 아브르부아 거리의 메종 로즈를 향해 걸었다. 고개를 살짝 넘는 듯한 낮은 언덕 너머의 거리였다. 약 오 분쯤 걸었을 때 관광객의 인파는 거의 사라진 조용한 골목을 만났다. 골목의 왼쪽에 세모형 집이 보였다. 분홍색과 초록색으로 페인팅된 조그만 집이었다. 보랏빛과 핑크빛 상의를 입은 아가씨와 젊은 청년이 손님들을 맞이하고 있었다. 다소 목이 마르던 나는 1층에 앉아 얼그레이 차 한 티포트를 시켜 마셨다.

　　통로를 남기고 탁자 두세 개 놓을 정도의 비좁은 공간, 건너편에는 미국에서 왔다는 젊은 남녀가 간단한 식사를 하고 있었다. 나는 우리나라의 토종닭 같은, 그것도 예쁜 장닭 같은 장식품이 놓인 탁자에 앉아 기념사진을 찍었다.

▲ 메종 로즈

▲ 메종 로즈

　(이 사진이 바로, 후에 내 시집 『신이 걸어주는 전화』의 첫 페이지, 시인을 보여 주는 사진으로 쓰였다) 잠시 앉아 있자 2층에서 사람들이 가끔 내려오곤 했다.

　길가의 이 집이 주는 느낌처럼 좁고 위태로운 계단을 따라 나도 2층에 올랐다. 2층 벽면엔 이 집에 살았던 위트릴로와 어머니 수잔 발라동의 사진이 걸려 있었다. 사람들이 가득 모여 이 특별난 공간에서의 여행 중 식사를 즐기고 있었다. 이곳에 살았던 위트릴로의 어머니 수잔 발라동은 파리에서 활동했던 예술가들 모두의 연인이었다. 사생아로 태어나 어린 나이에 이곳저곳 전전하다가 로트레크, 르누아르, 드가 등 화가들의 모델이자 연인의 역할을 하며 생활했다.

　그리고 르누아르 등으로부터 그림을 배워 스스로 그림을 그리기도 했다. 그러던 중 그녀는 십 대의 나이로 사생아를 낳게 된다. 그 아이가 바로 위트릴로다. 그는 아버지가 누구인지도 몰랐으며 스페인 화가 미구엘 위트릴로의 양자가 되어 드디어 위트릴로란 성을 갖게 되었다. 위트릴로는 몽마르트르에서 태어나 몽마르트르의 골목과 건물, 생활을 평생 그렸고 그곳에서 죽은 몽마르트르의 화가다.

수잔 발라동은 아들 위트릴로를 낳은 후에도 육아에 적게 구속받고 자유롭게 생활하고 싶어 어린 위트릴로의 우유 등에 술을 조금씩 타 먹여 잠들게 했으며 그것 때문에 결국 위트릴로는 어렸을 때부터 늘 취해 있었고 결국 알코올 중독 치료를 받았다고 한다. 그러나 이 같은 아들을 걱정하여 어린 어머니였던 수잔 발라동은 그에게 그림을 가르쳤고 그는 이름을 남기는 화가로 성장한다.

수잔 발라동, 그녀는 우리가 르누아르 그림에서 익히 본 여자다. 조금 동양적 느낌을 주는 것 같은 예쁘고 다소 육감적인 느낌을 주는 아름다운 여인이었다.

그리고 그녀는 특별한 매력을 지닌 자유분방한 생활을 했던 여인이었다. 당시 파리의 가난한 음악가, 에릭 사티와의 사랑도 널리 알려져 있다. 에릭 사티는 가난하고 외로운 예술가로 지내던 어느 날 수잔 발라동을 만난다. 어느 술집에서 로트레크와 춤추고 있는 발라동과 마주치고 그 후 둘은 사랑에 빠지고 그들의 사랑은 약 6개월 후 끝이 난다. 평생 한 여자만을 사랑한 에릭 사티와는 달리 수잔 발라동의 사랑은 매우 바빴다. 루이 말 감독의 영화 <도깨비불>의 에릭 사티, 그의 음악이 영화에 쓰여 새롭게 이름을 날린 에릭 사티의 쓸쓸한 이야기가 머릿속에 맴돌았다.

수잔 발라동과 위트릴로가 그들의 힘겨운 삶을 살았던 이곳, 지금은 세계에서 찾아온 수많은 여행객들이 그들의 예술과 가난을 얘기하며 즐거운 식사를 하게 하는 행복한 공간이 되었다.

메종 로즈를 나와 몽마르트르 포도원으로 갔다. 메종 로즈에서 약 삼 분 거리에 있는 작은 포도밭이었다. 옛날엔 이곳이 제법 큰 포도밭이었고 지금도 몽마르트르 포도 수확제는 유명하다고 한다. 포도밭을 야트막한 철책으로 보호하고 있었다. 비교적 어린 포도들로 보였고 포도밭 가장자리엔 몽마르트르 박물관으로 가는 이정표가 달려 있었다.

포도밭 맞은 편, 그곳이 내가 꼭 와 보고 싶은 곳이었다. 바로 라팽 아질이었다. 지금은 낮이라 문이 닫혀 있고 깊은 잠에 빠진 듯 고요했다. 라팽 아질의 정문처럼 마주 보고 자란 아카시아 나무 같은 나무 두 그루가 흰 꽃을 피워 웃고 있었다. 여기까지 찾아온 사람들은 아마도 예술에 많은 관심을 가진 사람들이거나 공부하듯 여행하는 사람들일 것이다. 그 앞에 찾아와 서 있는 사람들은 모두 기도라도 하듯, 아니면 예술 작품 감상을 하듯 생각에 잠겨 한 곳에 서서 라팽 아질을 조용히 바라보거나 라팽 아질과 관련한 많은 얘기를 떠올리며 옛날을 상상하는 듯했다.

이곳은 랭보와 베를렌 같은 문인, 화가 등 당시의 예술가들이 모여 밤새 예술과 생의 기쁨과 슬픔을 쏟아 내던 곳이다. 제일 먼저 나를 반겨주는 것은 민첩한 토끼라는 뜻의 라팽 아질이란 이름을 갖게 한, 냄비에서 포도주병을 들고 신명 나게 나오는 토끼 그림이었다.

▲ 라팽 아질

바로 앙드레 질의 그림이다. 간판으로 그려진 이 그림은 이곳의 이름을 바꾸게 했고 이곳을 더욱 유명해지게 했다. 매 순간 순간적으로 사라져버리는 것들과 사라지면서 살고 있는 사람들에게, 거의 옛날처럼 그때의 모습을 간직한 모든 것들은 보석보다 귀하다. 그래서 그것을 보고 만지고 사용할 수 있는 것은 행복하다. 라팽 아질도 바로 그런 곳이다.

여기서 잠시 랭보를 생각하지 않을 수 없었다. 랭보와 베를렌의 사랑은 너무나 유명하다. 시인은 見者가 되어야 한다고 선언한 천재 시인 랭보, 그의 시는 오늘도 예술 위의 예술로 찬란하게 살아 있다. 내 어릴 적부터 도서관에서, 집에서, 거리에서 쉴 새 없이 듣곤 했던 랭보의 말, 그것은 내게 번쩍이는 섬광 같은 것이었다. 그의 생은 참으로 짧았고 그의 詩作 생활 또한 짧았다. 그러나 오랫동안 쓰는 것, 많이 쓰는 것, 그것은 아무 의미가 없다. 한 편이라도 영원히 빛날 찬란한 시, 그것이 진정한 시가 아닌가. 랭보는 진정 그런 시를 쓴 시인이었다. 십 대에 작품 활동을 하고 그리고 필을 꺾었던 그, 오만했고 온갖 기행을 했고 기성시인에게 오줌세례를 하기도 했다는 그, 지금도 그리고 영원히, 살아 있는 자보다 더 생생하게 예술적 감동 안에 살아 있을 것이다.

열여섯 살 때 정규 교육을 포기하고 동성연애를 하고 스캔들과 소문, 그의 생은 사람들에게 새롭고 낯선 것이었다. 그의 시는 더욱 그러했다. 랭보가 베를렌에게 보낸 여덟 편의 시에 베를렌은 놀라고 그들은 시에 매료되어 서로 사랑하게 된다. 랭보가 열여섯 살 때 만난 베를렌, 그들은 베를렌의 부인이 의심스러워하자 함께 국외로 도망쳤다. 2년여의 시간이 흐르고 랭보는 절교를 선언했고 이에 베를렌은 랭보에게 절교의 총을 쏜다. 이들의 동성연애를 영화화 한 <토탈 이클립스> 때문에 그들의 이야기는 더욱 대중화되기도 했다. 시작했던 모든 것이 끝나듯 그들의 동성연애도 끝나고 랭보는 그동안의 체험에 느낌들이 가해진 산문시집 『지옥에서 보낸 한철』을 쓰지 않았던가. 그 후 그는 바람구두를 신은 방랑자가 되었다. 아프리카, 중동 등까지 멀리 헤매며 무기 밀매, 마약 거래 등 온갖 직업을 전전하기도 했다. 그의 시 <나의 방랑>처럼.

터진 주머니에 손을 넣고 나는 갔지
윗옷은 보기 좋게 해졌지!
시신(詩神)이여, 난 하늘 아래 걸어가는 그대의 충신
오! 라라! 내 얼마나 멋진 사랑 꿈꾸었던가!

단벌 바지엔 커다란 구멍 하나 났지
－어린 몽상가인 난 가는 길에서 시를
얻었지. 내 잠자리는 큰 곰 자리
－내 별은 하늘에서 다정하게 소리 내고 있었지

길가에 앉아 별의 소리를 들었지
9월 아름다운 저녁, 이마엔 이슬방울
떨어졌어. 힘내는 술인 양

환상적인 그림자 사이에서 운을 맞추며
나도 리라 타듯 가슴 가까이 발을 들고,
터진 신발 끈 잡아 당겼지!

나의 방랑 전문

그리고 베를렌을 생각하자 마음에 <가을의 노래>가 들려 왔다.

    바이올린의 긴 흐느낌이
    가슴속에 스며드니
    내 마음 설레고 쓸쓸하네

또한 <내 마음에 비가 오네>도 함께 떠올랐다.

    내 마음에 비가 오네
    마을에 비가 내리는 것처럼

    너무나 큰 이 고통
    무감각함으로
    사랑도 증오도 없이
    엄청난 고통 속의 내 마음!

내가 바이마르에서 만났던 괴테보다도 더 많이 작곡가들의 예술적 충동을 불러일으키게 했던 그의 시들이었다. 어쨌든 그들이 드나들던 라팽 아질은 수잔 발라동의 아들 위트릴로가 그림 그렸고 피카소가 그리면서 더욱 유명해졌다. 이곳, 지금은 낮, 그것도 태양 빛이 하늘에 가득한, 그러므로 라팽 아질은 열리지 않는다. 저녁 아홉 시 초저녁이 돼야 문이 열리고 새벽까지만 생생하게 살아 있는 시와 샹송과 그림, 그리고 그것들을 만든 사람들과 함께했던, 그리고 그들을 만들고 즐기는 사람들과 함께할…… 영원히 그러할 라팽 아질에겐 태양이 깊은 잠을 위한 이불일 뿐이다.

저녁 아홉 시 이후에 다시 오고 싶은 생각이 있었지만 낮에도 다소

조용한 골목길, 언젠가 밤에 함께 올 수 있는 사람들이 있다면 꼭 와
야겠다는 아쉬움 섞인 생각을 하면서 다시 한 번 라팽 아질을 바라보
았다. 그때 바로 내 옆에선 네덜란드에서 왔다는 여배우 한 명과 촬
영 팀이 여행객들에게 불편을 주지 않으려고 조심스레 촬영을 하고
있었다.

▲ 네덜란드 영화 촬영 팀

다음날 생 제르맹 데 프레로 갔다. 일정이 따로 없어도 파리에 있
으면 바쁘다. 파리의 모든 것이 유혹하기 때문이다. 지하철을 타고 생
제르맹 데 프레 역에 내렸다. 계단을 오르자 생 제르맹 데 프레 교회
기 모습을 드리냈다. 데기르트기 잠들어 있디는 곳이다.

교회에서 시선을 떼자 인라인스케이트를 타는 사람들 한 떼가 수
킬로미터의 거리를 완벽하게 메우고 있었다. 차량도 통제된 채, 내가

본 어느 책에서의 인라인스케이트 장면을 만난 것이다. 자유롭고 행복해 보이는 그들은 빠르게 속도 위를 미끄러지면서 사라져 갔다. 멀어져 가는 그들은 자유의 날개를 가진 날아다니는 것들같이 보였다.

길 건너 편에 되 마고와 플로르가 나란히 보였다. 잠시 인라인스케이트장이었던 건널목을 지나 되 마고 앞에 섰다. 예술가들의 성소, 되 마고는 그 순간도 순례객으로 가득했다. 입구에 들어서자 이곳의 상징물인 모자를 쓴 중국 남자 모습의 인형 두 개가 벽에 걸려 있었다. 되 마고는 두 개의 중국 인형이란 뜻으로 실크를 취급하던 점포가 있던 곳이라 한다. 중국 비단, 어쨌든 그들은 파리 사람에게 가장 먼 곳, 그리고 결핍의 끝점일 것이다.

빅토르 위고 박물관이나 쇤부른부르크, 괴테의 집 등에서 보듯 유

▲ 레 되 마고

럽인들에게 중국적인 것은 동경과 꿈의 세계다.

19세기 중엽 이후 생 제르망 데 프레 일대는 파리 예술 문화의 중심지였고 그 중심에 되 마고와 플로르가 있어 왔다. 1885년 되 마고가 이곳에 태어났다. 그것은 그 후 예술의 집, 그리고 예술가들의 둥지가 되었다. 그리고 그들과 그들의 작품들을 이곳에서 태어나게 했다.

말라르메, 랭보, 베를렌 등 상징파 시인이 드나들던 곳, 순간 내 마음엔 말라르메의 <목신의 오후>가 드뷔시의 목신의 오후와 함께 흔들거리며 지나가고, 그 유명한 초기 시 <바다의 미풍>이 떠올랐다. 오늘날 많은 시인들 그리고 문학 애호가들의 입에 끝없이 오르내리는 시구들이 입가에 맴돌았다. 그의 초기 대표작 <창공>의 시적 분위기가 잠깐 스치고 지나갔다.

▲ 내부 벽면의 모자를 쓴 중국 남자 인형

헛되구나! 승리의 창공이여, 이 종 속에서 그의 노랫소리를 듣는다. 나의 영혼이여, 푸른 하늘은 목소리가 되어/그 짓궂은 승리로 우리를 더욱 두렵게 한다…….

스무 살 무렵 젊은 나이에 써 사람들을 놀라게 한 그의 시는 아직도 많은 사람들을 놀라게 한다.

미라보 다리 밑으로 센 강이 흐르네/그리고 우리의 사랑도……의 아폴리네르, 폴 발레리, 브르통 등 슈르리얼리스트 시인들이 즐겨 찾기도 했다.

그리고 내게 『캔토스』로 선명하게 기억된 에즈라 파운드, 몽마르트르의 세탁선에서 예술작업을 하던 아폴리네르와 절친한 사이였던 피카소 또한 되 마고를 자주 찾았다. 장꼭도, 릴케, 앙드레지드, 파스테르나크…… 그리고 1935년에는 반파시스트 문학가들이 회의를 한 장소로도 유명하고, 되 마고 상을 수상하기도 한다.

되 마고 바로 옆에는 플로르가 아름다운 꽃을 머리에 가득 이고 서 있었다. 얼핏 보기엔 꽃집처럼 보일 것 같은 화려하고 아름다운 꽃을 피우고 있었다. 1881년에 문을 연 플로르의 이름은 꽃과 풍요의 여신 이름에서 연유한 것이라 한다. 스타벅스의 사이렌이라든가, 에르메스 베르사체의 메두사…… 지금 이 순간도 신화와 신들의 역할은 무한으로 확장된다.

플로르의 내부는 되 마고보다 조금 더 편안하고 아름다운 듯했다. 잠시 앉아 차 한 잔을 마시며 생각해 본다. 아폴리네르는 피카소와 이곳에서 문예지 『파리의 저녁』을 창간했고 1994년부터 플로르 상이 수여되기도 하고…… 어제 잠깐 다녀온 소르본느 대학을 졸업한 시몬느 드 보부아르를 생각했다. 그녀의 『제2의 성』, 사르트르와의 관계

가 소설 속에 녹아들어 갔다는 『초대 받은 여자』를 떠올려 보며 생각
은 사르트르로 건너갔다. 그들은 되 마고에 이어 이곳을 그들의 집필
실로 삼았다. 사르트르는 교수 자격시험에서 1등을 했고 보부아르는
2등을 했었다.

나는 사르트르 하면 제일 먼저 떠오르는 것이 그의 소설 『구토』다.
대학원 과제를 쓰느라 밤새 분석하며 읽었던 순간들이 떠오른다. 주
인공, 역사학자, 로캉탱의 끝없는 구토, 모든 존재에는 존재의 의미가
없다고 생각하고…… 부조리적 존재는 극명하게 드러나고…….

1964년 자전 소설 『말』로 노벨문학상 수상자로 선정됐으나 거절했
던 사르트르와 시몬느 드 보부아르와의 계약 결혼은 최초의 2년을 넘
어 수십 년간 지속되었고 어쨌든 이곳 플로르는 그들이 함께한 인생

▲ 카페 드 플로르

과 예술의 현장이다.

여기서 플로르의 전설적 가르송 파스칼을 생각하지 않을 수 없다. 지금 눈앞의 멋진, 다소 나이든, 가르송들을 바라보면서…… 그는 매우 박식했다고 한다. 철학과 문학에 관해 이곳을 찾는 사람들과 논했던 재치와 유머, 예의로 사람들의 시선을 한 몸에 받았던…… 플로르의 가르송임을 매우 자랑스러워했다고 하는…….

또 여기서 나는 기호학자 롤랑 바르트를 생각하지 않을 수 없었다. 오래도록 나와 함께 한 기호학, 그의 이론들은 나의 글과 강의에, 생활에 깊이 관여해 왔기 때문이다. 롤랑 바르트는 이곳에서 즐겨 아침 식사를 했다 한다. 그리고 창가에 지정석을 두고 글을 쓰곤 했다던 앙드레 말로, 생 제르맹에 살았던 아뽈리네르, 헤밍웨이…… 알랭 들롱, 미테랑 대통령…… 아르마니…….

▲ 플로르 내부

에디트 피아프는 여기서 꽃 파는 소녀로 귀여움을 보여 주기도 했다지 않았던가, 카페의 가수였던 어머니와 서커스단 곡예사였던 아버지 사이에서 태어나 거의 버림받았었던 그녀, 나이트클럽에서 노래하고 사랑을 만나고 이별하고 사십칠 년의 질곡을 살았던 그녀였다. 이브 몽탕을 사랑해 그를 뒷바라지하고 유명해지게 하기도 했던 그녀, 사람들을 만나면 "사랑하세요! 사랑하세요!"라고 말해 줬다던 그녀였다.

142cm 작은 체구에 예쁜 얼굴, 애수와 사랑의 느낌을 목소리로 쏟아냈던 전설적 샹송 가수, 그녀가 작사하고 불러 세계인이 지금도 함께 부르고 듣는 장밋빛 인생, 파담파담, 그리고 사랑의 찬가는 파리와 세계와 함께하는 영원한 노래가 아닌가? 그래서 사람들은 그녀의 삶을 <라 비앙 로즈> 같은 영화로 만들고 에디트 피아프 박물관도 만들고 하지 않는가?

차와 가벼운 식사를 하는 시간은 이 많은 상념들을 흐르게 하기엔 너무나 짧았다. 창 밖에 지나가는 사람들이 화병의 꽃들처럼 피어나고 있었다. 플로르를 나서는 순간 내 마음속에선 장밋빛 인생(La vie En Rose)이 에디트 피아프의 목소리를 타고 흘렀다.

> 내 시선을 떨구게 하는 눈
> 입가에선 잃어버린 웃음
>
> --------------------
> --------------------
>
> 그가 나를 껴안을 때마다
> 그는 내게 속삭이며 말하곤 해요
> 장밋빛 인생이 보인다고

그는 내게 매일
사랑의 말들을 해 주고

우리 인생에 나를 위해 그가
그를 위해 내가 있다고
그는 내게 그렇게 말했어요

그리고 플로르 최초 창업자의 손자인 두랑 부발은 그의 책, 『카페
드 플로르』에서 이곳을 정말 잘 표현한 말을 했었다. "신성하다고 할
감동이 없이는 이 고요한 장소를 들어갈 수 없다. 그곳에는 신화적인
인물들뿐 아니라 카페의 테이블 위에서 만든, 지금은 실체가 없어졌
다 해도 실재하는 많은 사람들이 있기 때문이다"라는 그의 말이 들려
오는 듯했다.

되 마고와 플로르 건너편에 있는 브라스리 리프를 찾아갔다. 밖에
서 보기엔 아메리칸 스타일의 작은 카페처럼 보였다.

위층에서는 와이셔츠를 단정하게 차려입은 멋진 신사가 창으로 밖
을 내려다보고 있었다. 밖의 모습보다는 내부의 모습이 너무나 아름
답다는 말을 익히 들은 바 있어 기대를 가지고 안으로 들어섰다.

▲ 브라스리 리프

　정말 밖에서 보는 것과는 달리 화려하기 그지없었다. 꽃과 자연의
모습들이 생생하게 벽면 가득 채워져 있었다. 어쩌면 그보다도 더욱
아름다운 것은 그곳에 자리하고 앉아 식사하고 또는 커피를 마시면
서 즐거운 대화를 나누고 있는 사람들이었다. 저마다 최고의 멋진 옷
에 최고의 표정 옷까지 차려입고 있었다. 파리의 저녁은 그들이 있어
한껏 그윽해지는 듯했다. 나도 한편에 자리를 잡았다. 벽면을 따라 네
모나게 둘러앉은 사람들이 가장 잘 보이는 곳이었다.

한 사람 한 사람 그들이 가진 생의 바구니에 행복을 가득 담는 순간인 듯싶었다. 샐러드로 가벼운 식사를 하는 시간이 흘렀고 파리뿐 아니라 세계의 각 곳에서 와 이곳에 모여 식사하고 있는 사람들의 모습들을 마음으로 스케치했다.

이곳 역시 폴 베르레느, 생 택쥐 페리, 프르스트, 앙드레 지드, 카뮈, 말로 등 수많은 작가들이 드나들어 명소가 되었다고 한다. 피카소 등 화가, 프랑수아 미테랑 등의 대통령들도 이곳을 찾은 고객들이었다. 그리고 무엇보다 널리 알려진 것은 헤밍웨이가 이곳에서 『무기여 잘 있거라』를 탈고했다는 것이다. 파리의 저녁 시간 물결은 끝없이 시간 속으로 흘러들어 가고 나는 카페 르 돔을 향해 천천히 발길을 옮겼다.

▲ 르 돔

▲ 르 돔 입구의 요리사 시연

▲ 르 돔의 실내

▲ 카페 쿠풀

▲ 카페 셀렉트

진정한 건축가는 시간
노트르담 대성당, 빅토르 위고 기념관

파리에 온 지 며칠이 지났는가를 헤아릴 필요도 없다. 저녁이면 잠들고 아침이면 일어나 작은 호텔의 창 너머로 보이는 파리 사람들의 바쁜 일상을 바라볼 수 있고 때때로 저녁 식사 후 호텔에서 몇 걸음 걸어 계단만 내려가면 탈 수 있는 지하철을 타고 라화야떼, 루브르, 바스티유……라고 말하는, 역마다 들려오는 안내 방송을 따라 내리고 싶으면 내리고, 산책하는 것만으로도 행복하였다.

매일 만나는 지하철 속의 연주자들 얼굴이 익숙해질 무렵, 진정한 산책은 늘 나를 따라오게 했던 발을 내가 따라가 보는 것이란 걸 선명하게 알게 되었다. 퐁네프 다리를 건너가고 건너오거나 콩코르드 광장을 석양빛에 섞여 지나가거나 센 강 주변을 어슬렁거리며 오래된 책들을 뒤적이거나 화가들 화집에 눈을 빠뜨리면 그만이었다.

▲ 센 강

▲ 퐁네프 다리

▲ 센 강변의 화집 가게

그리고 강변에서 파리, 그리고 세계 사람들이 섞여 노는 모습을 구경하는 것은 최상의 놀이였다. 산책 때마다 가장 많이 나의 눈으로 들어오는 것은 노트르담 사원이었다. 많은 사람들이 항상 북적거리고, 어느 날은 한 여행객이 성가도 아닌 노래를 성당 앞 인파 속에서 마음 풀어내는 기도인 양 불러대곤 하는, 쏟아지는 사람들의 박수 소리가 기도에 대한 응답이기라도 한듯한 그런 순간이 스쳐 지나가기도 했던……

노트르담 대성당을 가끔 지나다니면서 빅토르 위고의 『파리의 노트르담』을 생각하지 않을 수 없다. 파리에 올 때마다 자연스레 센 강가를 거닐고 노트르담 대성당을 보곤 했었다. 사실 노트르담 대성당보다 먼저 본 것은 빅토르 위고의 『파리의 노트르담』이었다. 그래서 이미 글을 통해 오래전에 만난 노트르담 성당은 만나지 않아도 마음속에서 계속 만나고 있는 오랜 친구 같았다. 맨 처음 이 성당을 만났을 때도 그건 그랬다.

빅토르 위고는 프랑스의 모든 성당 중 여왕격인 노트르담 성당의 장엄하고 숭엄한 아름다움을 말했었다. 노트르담 대성당 정면 깊이 팬 주름살 한편에 쓰인 낙서, '세월이 삼키고 인간이 그 이상으로 삼킨다'를 인용하면서 '세월은 눈이 멀었으나, 인간은 어리석구나!'라 풀이하지 않았던가.

그러면서 교회에 새겨진 무수한 파괴를 말하고 있었다. 성당 정면에 있었던 열한 개의 층계, 벽감 속에 서 있던 조상, 회랑을 장식해 주던 스물 여덟 프랑스 왕들의 초상들이 사라짐 등의 파괴를…… 안목이 있다고 스스로 판단한 예술가와 세월의 파괴를…… 그러나 한편, 위대한 건축물은 높은 산이나 마찬가지로 여러 세기에 걸쳐 이루어진 결과물이며 이것은 몇 권의 책에 담아낼 만큼 방대한 인류의 보편적 역사가 들어 있다. 인류의 지성은 건축물에서 하나로 집약되고 진정한 건축가는 다름 아닌 시간이라 하지 않았던가.

실제로 빅토르 위고에게 작품을 쓰게 하는 힘은 불기둥처럼 솟아오르는 상상력이었다. 자료를 꼼꼼히 조사하기도 했지만 거대한 상상력이 작품의 곳곳에서 꿈틀대며 살아 있고 그것들은 그의 작품들을 건축물처럼 쌓아 올리게 했을 것이다. 노트르담 대성당의 옛 모습을 『파리의 노트르담』에 글로 되살려 낸 빅토르 위고는, 15세기 무렵의 파리의 모습을 보고 있는 듯 말하고 있었다.

1482년에 살았던 사람들이 노트르담 대성당에서 내려다 본 실체를 말로 묘사해 놓았었다.

▲ 노트르담 대성당

종탑 위까지 숨 가쁘게 올라온 구경꾼의 눈에 처음 보이는 지붕과 굴뚝, 거리와 다리, 광장, 성당의 첨탑과 종루가 늘어선 모습…… 11세기 피라미드식 석조 건물, 15세기의 청석돌 돌기둥…… 미궁과도 같은 광경…… 한낱 민가에서부터 루브르 궁전까지 독창성과 아름다움과 천재성으로 존재 이유를 갖지 않은 것이 없고, 예술이라 부르지 못할 것이 하나도 없다는 사실을 발견할 수 있었다. 파리 시내 모습을 요약하면, 커다란 거북이를 닮은 시테섬…… 왼편엔 거대한 사다리꼴 모양의 대학구, 유유히 흐르는 센 강, 오른 편에는 정원과 건물이 뒤섞여 있는 시가지가 반원형으로 넓게 퍼져 있다. 도성 주위엔 넓은 평야가 펼쳐져 있고…… 아담한 마을이 여러 군데 흩어져 있다고 쓰지 않았던가.

『파리의 노트르담』은 지금도 끝없이 모든 장르를 넘어 새롭게 태어나고 있다. 노트르담도 그가 진정한 건축가라 했던 시간에 의해 새롭게 태어나고 그의 작품도 국가와 민족의 경계를 넘어, TV, 연극, 영화 등 실로 다양한 넘나들기를 계속하고 있다. 어쨌든 오늘도 센 강변 노트르담 대성당 앞에 나는 서 있고 사람들은 변함없이 성당 앞에 가득하다. 아마 그들 가운데 상당수는 나처럼 빅토르 위고의 소설이나 시를, 특히 『파리의 노트르담』을 읽고 여기에 왔을 것이다. 8월의 해가 따갑게 사람들 얼굴에 비추더니 어느새 성당은 어스름 저녁에 들고 있다.

시간을 거슬러 중세시기를 상상의 눈으로 들여다보는 빅토르 위고의 예술적 기량은 실로 대단했다. 오래도록 세계인 앞에 꿋꿋이 서 있을 지금 내 앞의 노트르담 사원을 영혼을 지닌, 생생하게 살아 있는 인간인 양 소설 속으로 끌어들이지 않았던가. 조금 전 보았던 성당 앞의 빛나던 여름 태양은 에스메랄다를 환하게 보여 주는 듯했고 지금 성당에 드리운 어둠은 콰지모도를 떠올리게 한다. 바로 지금, 어둠이 드리운 성당에서 느끼는 숭고함과 일면 역사의 신비를 갈수록 키워가고 있는, 어쩌면 전율하는 신비와 무시무시함까지도 함께 가졌던 콰지모도를 느끼게 한다. 성당은 아까 뜨거운 태양이 찍어 낸 검은 빛 도는 사진처럼 강물 위에 비치고 있다. 위고는 산문으로 된 서사시의 역사 소설을 오래전부터 마음속에 잉태해 왔었다.

그리고 중세가 위고의 마음속에서 계속 살고 있었다. 이 성당을 드나들면서 성당의 구조를 연구하고 가끔 가까운 사람들과 지금과 같은 석양을 바라보고 비둘기 떼와 작은 종루를 통해 중세의 파리 모습을 상상하곤 했었다. 또한, 이 무렵 왕비의 고해 담당이던 노트르담 성당의 신부와 교류하였다. 그리고 그로부터 사물의 외적 모습과 다른, 심오하고 명백한 의미에 관한 얘기를 듣고 성당의 상징 의미를 깊이 생각했다. 그래서 대성당은 소설 속에서 살아 있는 생명체처럼 쓰였고 소설 속 강력한 상상력 주변에 클로드 프롤로 부주교를 등장시켰을 것이라고들 한다.

위고는 파리 시의 옛 문명에 관한 역사와 탐구 등 파리에 대한 수많은 자료를 찾고 읽고 정리했다. 7월 혁명으로 작품 쓰기를 멈출 수밖에 없기도 했고 작품을 위한 주석이 담긴 노트를 잃어버리기도 하는 어려움을 겪기도 했다. 그 같은 어려움 끝에 작품을 다시 쓰기 시작했다.

그는 잉크 한 병과 목부터 발까지 몸을 감쌀 회색 털옷 한 벌을 샀고 감옥에 수감된 자처럼 옷을 자물쇠로 잠그고 소설을 써 내려갔다. 그리고 십이월 추위에도 창문을 열고 작업하였으며 창작에 몰입한 그는 추위도 느낄 수 없었다고 한다.

그 옛날 위고가 열 네 살 무렵에는, 이미 시 습작에 몰두하여 형 으젠느와 함께 쓴 문학 연습장에는 몇 천 편의 시, 멜로드라마, 희극, 비극 시, 렘브란트 등의 삽화를 그려 넣은 서사시들을 써 넣었었다.

그리고 매일 침대에 엎드려 글을 쓰기에 몰두한 나머지 무릎 피부가 벗겨지기도 했었다. 열 네 살 어린 나이에 그는 샤토브리앙처럼 되고 싶다. 그렇지 않으면 어느 누구도 닮고 싶지 않다라고 일기에 썼고, 그의 문학에의 열정은 아주 어린 시절부터 확고했고 철저했었다.

위고는 '파리의 노트르담' 서문에 몇 해 전 노트르담 성당을 방문하면서, 더 정확히 말해서 샅샅이 뒤지면서……. 탑의 어두운 구석에서 손으로 새긴 이 말을 발견하였다.

(숙명)

중세 때 어떤 사람이 쓴 것으로 보이는 그 글씨가 (어쩔 수 없는 숙명의 침통한 의미가 들어 있는 듯 새겨진) 그에게 깊은 느낌을 주었는지도 모르겠다……. 이 책은 이 단어에 관하여 쓴 것이라고 썼다. 어쩌면 『파리의 노트르담』을 쓰게 된 것이 빅토르 위고의 숙명이었을 것이란 생각을 해 보았다.

어둠 속에서 사람들은 하나 둘 성당을 떠나 어디론가 사라져가고 있었다. 밤이 깊어갈수록 요염해지기만 하는 파리의 얼굴을 불빛 속에서 바라보는 것은 즐거운 일이다. 어디서나 한눈에 들어오는 에펠탑이 또 내 눈에 와 찍힌다. 날마다 오픈투어 2층 버스를 타고 내려오거나 산책하듯 걸어온, 에펠탑을 오르거나 오르기 위해 늘어선 긴 줄도 지금은 없을 것이다. 거대한 에펠탑지기같이 에펠탑 곁을 지키는 에펠의 흉상도 지금은 이 아름다운 파리의 여름밤에 누워 낮에 본 수많은 사람들의 꿈을 꾸고 있을 것이다.

서둘러 호텔로 가는 지하철 7호선을 탔다. 너무 늦어서인지 날마다 만나던, 중년을 훨씬 넘긴 듯한 네 명의 지하철 안 연주자들도 퇴근한 모양이다. 음악 없는 지하철 안에서 나는 파리 사람과 나처럼 전동차에 흔들리는 이방인들의 얼굴을 본다.

흔들리는 사람들의 얼굴에서는 아까 낮을 이별해서인지 이별 냄새가 났다. 침묵의 대가인 밤이 차창에 와 말없이 서 있었다. 이 아름다운 도시에서 지내는 행복한 여름을 데리고 파리의 땅 근육을 느끼며 호텔 앞에 닿았다. 오늘 내가 발로 느낀 파리의 근육들이 도르래처럼 행복한 피로를 길어 와 내 발목에 붓는다. 잠이 또 한여름 밤의 꿈을 만들 것이다.

이른 아침 눈을 뜨자 창가로 갔다. 조그만 호텔이지만 5층 꼭대기에 있는 내 방 창문은 멀리 보이는 파리 사람들의 출근하는 모습, 아침 식사를 위해 빵을 사 들고 다니는 모습, 벌써 따갑기까지 한 여름 햇살을 받고 있는 창가의 제라늄 붉은 꽃을 우아하게 보여 주었다. 내가 쉬고 있는 이 조그만 호텔은 파리 북역이 가까운 곳에 위치하고 있고 지하철 역이 바로 옆에 있어 교통이 정말 좋은 곳이다. 아침 식사를 하기 위해 아래층에 있는 작은 식당으로 갔다.

어제는 열 살쯤 된 사내아이를 데리고 온 중년 여인이 새로 묵는 손님이 되어 아침 식사를 함께 했었는데 오늘은 또 어떤 손님이 왔을까 궁금해졌다. 서둘러 식당엘 갔을 때 어제까지 없던 새로운 얼굴을 만날 수 있었다. 여름 휴가를 온 농부로 보이는 사람이었다. 추운 지역에서 왔는지 여름 옷차림으론 다소 두꺼워 보이는 웃옷을 걸친, 수줍어 보이는 얼굴의 아내와 남편, 한없이 착한 얼굴의 사십 초반쯤 되어 보이는 부부였다. 아마도 이 여름 큰 맘 먹고 파리 여행을 온 모양이었다. 몇 마디 말을 걸었지만 수줍은 미소를 보이는 것이 전부였다.

아침 식사 후 호텔을 나서 내가 예쁜 토끼털이 달린 머플러를 샀던, 가게 아주머니와 눈인사를 건네고 익숙한 길을 따라 걷다가 지하철을 탔다. 지하철을 타고 가며, 마음속으로 요즘 산책길에서 자주 만나곤 했던 노트르담 대성당을 다시 떠올렸다. 그리곤 빅토르 위고가 살던 집을 찾아가 보기로 마음먹었다. 지하철 안에는 벌써 출근한 거리의 음악가들이 연주하는 음악이 가득했다. 지하철을 갈아 타고 냋 번을 묻고 다소 먼 길을 돌아 나무들이 둘러선 공원 맞은 편의 빅토르 위고 기념관을 찾았다.

그가 살던 아파트를 개조하고 3층을 하나로 터서 만든 기념관이었다. 출입구 오른 쪽으로 들어가면서 기념 서적들을 파는 작은 사무실이 있었다. 생각보다 소박한 풍경이었다. 그냥 어느 아는 사람 아파트를 방문한 것 같은 느낌이었다. 계단을 오르자 2층 입구에서부터 전시되는 빅토르 위고 가족들의 사진들, 그가 쓰던 물건들을 볼 수 있었다.

빅토르 위고가 가지는 세계 문학 속의 위상에 비해 공간은 비교적 작고 기대한 것보다 평범하다고 말해야 할 것 같다. 많은 그림들, 초상화들, 사진들과 유품들이 있었지만 내가 지금껏 방문했던 많은 기념관, 박물관들과 다른 점은 많은 훈장들이 있는 것이었다. 전시실 한 가운데는 훈장들만 모아 놓은 진열 케이스가 차지하고 있었다. 그리고 진열장 앞에 부리부리한 큰 눈, 두툼한 입술, 건장한 체격, 곱슬곱슬하고 많은 머리숱을 가진 강한 느낌의 아버지 레오뽈 위고와 훈장을 단 모습의 형제들 모습이 전시되어 있었다.

▲ 기념관 내부-출처(네이버)

　아버지 레오폴 위고는 열 다섯 살부터 나폴레옹 군에 속한, 모든 것을 다 바쳐 충성한 군인이었다. 전쟁에서 수없이 많은 부상을 입었고, 나폴레옹에게 보내는 편지 마지막엔 항상 벌거벗은 사나이 브루투스 위고라 써 넣었다 한다. 레오폴 위고의 모습은 흔히 볼 수 있는 프랑스인들의 느낌보다는 강한, 독일인의 얼굴 몸 느낌이 풍기는 인물이었다. 위고라는 성은 실제로 독일 로렌지방에서 흔하게 볼 수 있다고 한다.

　가장 강한 느낌으로 다가오는 훈장, 강인한 군인인 아버지의 모습들은 (위대한 문인으로 세계 인류사에 이름을 올려 놓은) 빅토르 위고 기념관에서 보길 기대하지 못한 것일 수도 있다. 그러나 빅토르 위고의 아버지의 다섯 형제들은 모두 보나파르트 나폴레옹 혁명군에 가담했고 빅토르 위고의 아버지가 스페인 귀족 작위를 받고 장군이 되고 총독이 되었던 것을, 위고 집안 아들들이 루이 18세로부터 '백합의 기사' 칭호를 받았던 것을 생각한다면 이 전시실에서 이 같은 뜻밖의 전시물을 보는 것이 당연한 일일 것이다.

순간, 빅토르 위고는 쓰기에 목숨 건 군인 같은 문호였다는 생각이 스쳐 갔다. 열네 살이 되던 해에 그는 '샤토브리앙처럼 되고 싶다. 그렇지 않으면 누구도 닮고 싶지 않다'라고 일기에 썼다. 아버지가 열다섯에 군인이 되고 나폴레옹에게 목숨 건 충성을 바쳤다면 빅토르 위고는 열네 살 나이에 스승이며 프랑스 낭만파 문학의 선구자인 샤토브리앙을 닮겠다고 선언한 것이다.

열네 살 나이부터, 어쩌면, 군인이 목숨 건 충성을 다 바쳐야 하듯 글 쓰는 자도 글에 목숨 건 충성을 다 해야 하는 것인 줄 알고 있었는지도 모를 일이다.

한편 빅토르 위고는 어머니인 소피 트레뷔셰와 아버지의 별거, 이혼 등으로 어린 시절부터 어머니에 대한 그리움, 또는 아버지에 대한 그리움을 많이 느낄 수밖에 없었다. 그리고 전쟁터 또는 새로운 부임지인 프랑스 곳곳, 이탈리아 스페인까지의 외지를 옮겨 다니는 아버지를 따라다니며 어린 시절부터 낯선 지역, 문화에 대한 체험을 충분히 할 수 있기도 했었다. 아버지에게서 물려받은 강인한 성격, 부모의 갈등에 의한, 서늘한 그리움과 마음의 공허한 빈자리, 낯선 문화에 대한 다양한 체험들, 그리고 어머니의 그가 가진 문학적 재능에 대한 믿음, 이들은 모두 그가 위대한 작가가 될 수 있는 필요하며 충분하기도 한 조건이었는지도 모를 일이다.

한쪽 벽면엔 위고의 아내, 아델 푸세의 성장을 한 모습을 그린 그림이 걸려 있었다. 어머니와 함께 생활하면서 아버지가 바랐던 관리,

변호사 등이 될 수 있는 길과 아주 먼 생활을 할 무렵 아델 푸세를 다시 만난다. 그들은 아주 어린 시절에 함께 놀곤 했던 유아기의 친구였으며, 부모가 이혼하고 형들과 어머니와 지낼 무렵(위고가 열 일곱 살 되던 해) 다시 만났던 것이다. 둘은 서로 사랑에 빠지지만 아델의 집에서도 위고의 집에서도 선뜻 결혼을 받아들이지 않았다.

그 무렵, 위고는 두 형들과 함께『문학 수호자』를 발행했다. 아버지는 빅토르 위고를 귀족 학교에 넣기도 하고 이공과 대학 수험 준비도 시키고 했지만 그는 열네 살 때 결심한 문학의 길을 열심히 가고 있을 뿐이었다. 아카데미 프랑세즈 문학 경시대회에서 여러 번 수상하고『문학 수호자』를 편집하고 어린 나이에 놀라운 글을 써 문학적 기량을 넓히고 있었다.

그 무렵 그는 폐렴으로 갑작스럽게 어머니를 잃고 아버지의 동의를 얻어 스무 살 되던 해 아델과 결혼한다. 한편 아델을 짝사랑하던 빅토르 위고의 바로 위의 형, 으젠느가 충격으로 정신병을 일으키기도 한다.

빅토르 위고는 라마르티느, 샤토브리앙 등과 교류하고 아델과의 사랑에 대해 쓴 연애소설『아이슬란드의 한』,『새오드』를 출판하여 여유로운 생활을 한다. 아델과 빅토르는 서로 깊이 사랑하는 행복한 생활을 했다.

그러던 어느 날 비평가, 생트뵈브의 방문을 받고 가까운 친구가 된다. 생트뵈브는, 빅토르의 시, 특히 사랑하는 아내를 위한 몇 편의 시들에 대해 많은 칭찬을 했다. 빅토르는 행복감에 젖어 생활했고 아델과의 사이가 변한 후에도, 그 시절 아델과의 행복했던 시간들을 잊을 수 없었다고 했다.『르글로브』지에 실린 '오드와 발라드'에 대한 작품 평은 거의 작가에게 존경의 뜻을 보일 정도였다. 이를 본 괴테도 빅토르 위고의 재능을 인정했다. 누구인지도 몰랐던 둘은, 생트뵈브가 거의 매일 빅토르 위고의 집에 방문할 정도로 가깝게 지냈다. 위고는 희곡『크롬웰』을 집필하고 많은 추종자들이 그를 따라다녔다. 그리고『동방시집』을 간행하기도 한다. 지속적인 성공에 생트뵈브는 시기심을 느끼기도 하지만 매일 위고의 집을 방문한다.

그리고 희곡『에르나니』를 쓴다. 이는 다름 아닌 아내 아델과의 사랑 이야기였다. 위고는 집필과『에르나니』공연 리허설 등의 예술 작업에 몰두했고, 아델은 아이들 기르기 등으로 재미없고 지루한 나날을 보낸다. 그 같은 환경 속에서 아델은 매일 자기 집을 방문하는 생트뵈브와 자연스레 가까워졌고 둘은 사랑에 빠진다. 이는 빅토르 위고의 아버지가 전쟁터나 새로운 부임지를 따라다니는 일에 몰두할 때 그의 어머니가 다른 사람과 사랑에 빠지고 끝내 이혼하게 되는 것과 다를 바 없는 현상이었다.

스스로 감옥에 갇히는 것과 같은 두문불출 집필로 빅토르 위고는 6개월 만에『파리의 노트르담』을 완성했고 생트뵈브와 아내 아델의 만남은 계속되었다. 그리고『뤼크레스 보르지아』가 상연되고 여배우 쥘리에트 들루에를 만나 애인 관계가 된다. 쥘리에트는 사치스럽고 아름다웠으며 귀족의 정부가 되기도 한 부정한 여자였다. 결국, 생트뵈브와 쥘리에트에게 각각 마음을 빼앗긴 빅토르 위고와 아델 푸세는 끝내 행복한 부부로 살지 못했다. 아버지 레오폴 위고와 매우 유사한 부부 사이를 평생 동안 가졌던 빅토르 위고, 외모와 성격뿐 아니라 살아가는 길, 삶의 길도 닮았구나 하는 생각을 다시금 하게 했다. 어쨌든 기념관에서 보는 아델 푸세의 모습은 아름답고 위엄 있는 모습이었다.

기념관은 가족 등 주변 인물의 초상화, 수없이 많은 공연 포스터, 빅토르 위고가 쓴 책들의 표지, 삽화들 그가 쓰던 물건들로 가득 차 있었다. 사람들은 그것들과 함께 깊은 생각에 잠겨 프랑스가 낳은 거장의 삶과 생활을 상상 속에 복원해 내고 있었다. 그 많은 것들은 나의 상상 속에 들어와 모두 살아 있는 듯 생생하게 내 마음속에 가득 차올랐다.

수없이 많은 전시물들을 지나 세 번째 층에 올랐을 때 중국식으로 꾸며진 방을 만났다. 내가 여행 중에 만났던 서양 귀족들의 중국 취향, 동양에의 그리움을 또 한 번 느끼게 하는 곳이었다. 의자와 벽지, 도자기 등 모든 생활 도구가 중국 것이었다. 갑자기 중국에 온 듯한 착각을 하게 하는 곳이었다. 오스트리아의 쉔브룬 궁전에서 보았던 중국 도자기 방, 독일 바이마르에 있는 괴테의 집에서 보았던 중국 도자기 방 등이 연상되었다. 도자기뿐 아니라 가재도구, 벽지 등 모든 생활 도구가 방안 가득 중국 물건으로 채워져 있었다.

중국 방을 지나 맨 끝에 있는 침실에 들어섰다. 침대와 간단한 가재도구, 그리고 입구 오른쪽 벽에는 늙고 초라한 쥘리에트 들루에의 사진이 걸려 있었다. 레이스가 가득한 옷에 소매가 넓은 상의를 입은 모습이었다. 빅토르 위고를 만난 쥘리에트는 성공한 배우가 되는 꿈을 이루길 원하지만 그 꿈을 이루지 못한다. 빅토르는 쥘리에트에게 주연 역을 주려고 하지만 연출자 관중들의 저항 때문에 뜻을 이루지 못한다. 쥘리에트는 사치스런 생활과 화려했던 과거의 생활은 버린 채 위고의 사람이 되어 있었다.

빅토르 위고의 원고를 정리해 주거나 그와 함께 노르망디, 벨기에,

네덜란드, 스페인 피레네 등으로 여행 다니는 것으로 그녀의 생활 대부분의 시간은 사라져 갔다. 쥘리에트는 빅토르 위고에게 거의 봉사와 신격화 정도의 사랑을 바친다. 유명한 배우가 되고 싶었던 쥘리에트의 꿈은 무너지고 그녀에게 남은 꿈은 빅토르 위고의 사랑을 받는 것뿐이었다. 그녀는 빅토르 위고의 가족들이 살고 있는 가까운 곳에 살았고 빅토르 위고의 사진으로 벽을 가득 채운 방에서 생활했다.

빅토르 위고는 쥘리에트와 노르망디를 여행하기도 하며 서정시집 『황혼의 노래』에 쥘리에트 들루에와 함께하면서 느낀 사랑과 고뇌를 쓰기도 한다. 또한 그는 시집 『내면의 목소리』를 간행했고 아내와 아이들 그리고 쥘리에트에 대한 사랑을 읊조리기도 한다. 빅토르는 샤토브리앙처럼 되고 싶었고 프랑스 귀족으로 대사와 외무대신을 지낸 그와 같은 삶을 원했고 그를 위해서는 꼭 아카데미 프랑세즈 회원이 되어야만 했다. 그를 위해 위고는 수없이 많은 노력을 했다. 한편 쥘리에트는 그가 당선될 것을 염려했다. 회원으로 당선되면 그에 따른 외무 업무로 인해 자신과 멀어질 것을 염려했기 때문이었다.

그러나 라마르티느와 샤토브리앙 등의 힘을 입어 드디어 프랑세즈 회원에 당선된다. 쥘리에트의 우상처럼 받드는 사랑에도 불구하고 빅토르 위고는 레오니 비아르(화가 오귀스트 비아르의 부인)를 새로운 연인으로 맞이한다. 쥘리에트가 염려한 일이 실제로 일어났으며 그녀는 위고와 비아르 부인과의 관계를 알고 절망한다.

그 후 빅토르 위고가 루이 나폴레옹의 쿠데타에 대한 민중 저항 운동 등을 벌이다 국외 추방령을 받자 그와 함께 브뤼셀로 탈출한다. 내가 브뤼셀을 여행할 때 위고가 그 시절에 살았던 그랑플라스의 집을 둘러보았던 것이 순간 생각났다. 그녀는 빅토르 위고와 망명 생활

중에도 벨기에와 룩셈부르크 등을 여행한다. 그녀는 망명 생활을 끝내고 파리 시민의 대대적인 환영을 받으며 귀국하는 빅토르 위고와 파리로 돌아온다.

빅토르 위고는 또다시 배우 사라 베르나르와 떼오필 고띠에의 딸 주디뜨와 쥘리에트의 하녀 블랑슈와 가깝게 지내기도 한다. 쥘리에트가 빅토르 위고의 아내 아델의 마음을 괴롭혔듯, 그녀도 계속되는 빅토르 위고의 새 연인들 출현에 마음 졸이고 산다. 그리고 빅토르 위고의 아내 아델이 위고의 곁을 떠났듯이 그녀도 위고보다 먼저 세상을 떠난다.

침실 벽 위에 걸린 쥘리에트 들루에의 사진을 다시 한 번 자세히 보았다. 노부인이라 불리며 위고의 살롱 안주인으로 활약했다는 쥘리에트였다. 그녀는 생의 끝 대목까지도 항상 실크 드레스를 입고 옅은 버배나 향을 풍기곤 했었다. 그러나 식도의 궤양을 앓고 있던 때의 쥘리에트 들루에 사진에는 저물어가는 하루 같은 어둠이 가득 깔려 있을 뿐이었다. 이 사진 속 시절 무렵, 그녀는 생을 체념하고 있으면서도 위고에게 자신의 아픔에 대해서는 가장 적게 말하고 싶어 했었다고 한다. 평생 위고의 그늘에 살면서, 위고의 아내 아델에게서 선물 받은 (아델의 초상이 새겨진) 카메오 보석을 항상 착용하고 살았다는 위고 신의 신봉자는 어두워가는 생의 불빛 아래 조용히 앉아 있었다.

기념관 맨 마지막 공간에 와서 나는 다시 기념관 1층에서부터 관람한 그의 작품, 그림들, 그가 쓰던 물건들, 그리고 삽화들, 포스터들, 그와 함께했던 수많은 사람들의 모습들을 다시 한 번 떠올려 보았다. 그의 생은 부모의 별거, 이혼, 스스로의 수없이 많은 여인들과의 만남과 이별, 그리고 형제, 자녀, 손주들, 아내와 쥘리에트의 죽음을 바라보면서 이루어져 왔다. 샤토브리앙처럼 되고 싶다던 그의 삶은 가열한 것이었다. 그리고 결국 샤토브리앙을 넘어 더 높은 곳에 그는 자리했다.

한편 그는 누구보다도 19C 프랑스 역사와 생생하게 함께했다. 망명 생활 속에서도 『꼬마 나폴레옹』, 『징벌 시집』 등을 쓰며 저항했다. 그를 프랑스에서 추방할 수는 있었지만 글쓰기로부터 추방할 수는 없었다. 오히려 추방되었으므로 정치적, 사회적 생활에 시간을 뺏기지 않았으며, 더욱더 깊이 있는 민중적 시각의 작품을 쓸 수 있었을 것이다. 세계인이 함께 읽는 『레미제라블』도 망명 생활 중에 쓰이지 않았던가?

한 번 더 마음으로 『레미제라블』을 읽어 본다. 빵 하나를 훔친 죄로 19년의 감옥생활을 하고 미리엘 주교의 보살핌으로 장발장은 선한 인간으로 다시 태어난다. 마들렌 등으로 이름을 바꿔 신분을 감추고 선하게 살아가는 그를 쫓는 형사 자베르, 팽팽한 긴장 속에 수배 중이던 장발장이 잡혔다는 소식을 듣고 죄 없이 대신 잡혔을 사람을 위해 자수하고 감옥에 갇힌다. 가엾은 창녀, 팡틴을 구하기 위해 탈옥하고 여관에서 혹사당하고 있는 팡틴의 딸, 코제트를 구하기도 한다. 그리고 왕정에 저항하는 공화파에 가담하여 비밀 결사대로 싸우고 있는 코제트의 애인 마리우스를 구하기도 한다.

장발장은 부상으로 쓰러져 있는 마리우스를 하수도를 통해 도망하여 구한다. 한편 폭동에 가담했던 사람들에게 잡혀 죽을 입장에 놓여 있던 자베르를 구해 준다. 장발장에 의해 살아난 자베르는 심한 갈등과 고민 끝에 센 강에 몸을 던진다. 그는 탈주범이었지만 선하게 살고 성스럽기까지 하게 죽는다. 『레미제라블』은 인류 모두의, 시대를 초월하여 우뚝 선 민중문학이다.

모든 제도와 사회 계층과 그것에 의한 높낮이와 그에 의해 생산되는 비참한 사람들, 모든 제도와 형식을 떠나 인간 자체를 행복하게 하는 인간 본연으로 돌아가 인간성을 길어 올리고 그 사상을 구원의 빛으로 제시한 『레미제라블』은 진정한 휴머니즘의 표본이었다. 이 소설을 세상에 내놓은 뒤 빅토르 위고는, 라마르띠느에게 편지로 이렇게 말했다.

비참함을 인정하는 사회, 지옥을 인정하는 종교, 전쟁을 인정하는 휴머니티는 나에게 내면의 사회, 내면의 종교, 내면의 휴머니티로 보이고 그것은 장차 펼치려는 상위의 사회, 상위의 휴머니티, 상위의 종교, 곧 왕이 없는 사회, 국경이 없는 휴머니티, 책이 없는 종교를 지향하는 것이다.

당시 민중들은 주머니의 몇 푼 안 되는 동전을 모아 이 책을 샀고, 함께 돌려가며 공동으로 읽고, 그 후 이 책을 가지는 누군가 한 사람은 정말 행복해했다. 그를 신처럼 모신 것은, 민중들과 (위고의 살롱에서 노부인이라 불리며 그를 찾는 사람들을 맞이한) 쥘리에트뿐은 아니었다. 그를 경애하며 그의 살롱을 드나드는 단골손님은 헤아릴 수 없이 많았다. 그리고 어떤 여인의 아름다움에도, 어떤 어려움에도 흔들림 없이 매일 새벽부터 일어나 붉은 재킷과 회색 코트를 입고 글을 쓰고 있는 그의 모습을 이웃 사람들은 항상 볼 수 있었다.

그리고 거의 매일 아침 100행에 달하는 운문시를 써 내려갔다고 한다. 시, <행복한 사람>은 그의 아침 글쓰기의 내면을 확연히 느끼게 한다.

행복하여라, 아침 일찍 길을 떠나는 나그네처럼
몽상에 잠긴 정신으로 잠에서 깨어
새벽이 오자마자 책을 읽고 기도하는
영원한 운명을 지닌 사람은!
책을 읽어가는 동안, 하늘에서와 같이
그의 영혼 속에도 천천히 해가 떠오른다.
그 희미한 빛에, 어떤 것들은 그의 방 안에서,
어떤 것들은 그의 내면에서 선명히 보인다.
모든 게 잠들어 있는 집 안에, 그는 혼자뿐이라 믿는다.
그러나 그가 황홀함에 취해 있는 동안, 등 뒤에서는
손가락으로 입을 가린 채,
미소 띤 천사들이 그의 책을 굽어보고 있다.

그의 글쓰기는, 그 시절의 이웃 사람들만 보았던 것이 아니다. 전 세계에서 그의 책을 읽고 그의 기념관을 찾고 그의 삶을 들여다보면서 세계인들은 지금도 그의 글쓰기를 보고 있는 것이다. 프로베르의 말처럼 그는 저녁이면 마치 신같이 친구와 그의 추종자들에 둘러싸여 있었다. 또한 앞으로도 영원히 그는 신처럼 그를 아끼고 사랑하는 사람들에 의해 에워싸여 있을 것이다.

위고의 80회 생일 축하 때는 파리 시민들의 거대한 행렬이 끝없이 펼쳐졌고 83세의 나이에 폐렴으로 세상을 떠났을 때도 시민들의 행렬은 끝이 없었다. 빅토르 위고 탄생 200주년을 맞아, 프랑스 교육부는 새해 첫 수업을 교과목 과목과 관계없이 위고의 문학 작품을 읽을 것을 당부했었다. 전국 초중고가 모두 그렇게 했고 교육부 장관도 파

리의 한 초등학교를 방문, 『징벌시집』의 한 구절을 낭송했었다. 지금
이 순간도 그는 어디서, 미소 띤 천사들이 굽어보는 가운데 글을 쓰
고 있는지도 모를 일이다.

사랑은 봄에 한창이라니까요
셰익스피어 고향 스프랫퍼드 어폰 에이번

윌리엄 셰익스피어의 고향, 그곳으로 나를 데려다 줄 기차를 탔다. 야생화, 이름 모를 나무들 위로 시간이 지나가고 태양은 빛나는 미소로 높이 떠 있다. 갈수록 사람보다 풀들 나무들이 더 많이 살고 무질서의 질서가 성스러워진다. 오아시스처럼 가끔 나타나는 마을, 넓은 들판으로 마을에서 걸어 나오는 사람들, 영원 속에 현재를 잡아 넣는 시간의 난간…….

내리고 내려 텅 빈 소리를 내며 기차는 달리고 빨간 코트 입은 여자가 혼자 내 앞에 앉아 있었다. 가득했던 사람들 내려 소통의 길이 열린 듯 텅 빈 공간이 훤히 트여 있었다. 저 실례지만 저는 한국에서 왔어요. 셰익스피어의 고향을 찾아가는 중인데요. 아 그러세요. 저도 거기 가는데요. 동양적 이미지를 가진 삼십 대 후반쯤의 아름다운 영국 여자였다. 변호사 출신으로 지금은 변호사 일을 쉬고 연극 배우를 하고 있다고 했다. 이름은 소니아 사빌리애(Sonia Saville), 러시아에서 만났던 동그란 얼굴의 소니아가 순간 떠올랐다. 변호사를 쉬고 연극

배우를 한다?…… 특별난 여자임이 틀림없었다. 이런저런 이야기가 기차를 타고 달렸고 드디어 도착한 스트랫퍼드-어폰-에이번, 조그만 역이었다.

택시를 잡으려 했으나 아주 작은 시골 역이라 쉽지 않았다. 소니아는 선뜻 자기 차를 태워 주겠다고 했다. 역을 나오자 눈에 들어오는 고풍스러운 거리, 크지 않은 도시에 다 담을 수 없이 크게 솟아오르는 내 마음속 감동, 눈가엔 어느새 감사의 눈물이 돌고…… 감사합니다…… 누구에겐지 모를 감사의 말이 입에서 맴돌고…… 해는 오후 세 시쯤의 얼굴을 하고 있었다. 옛날이 주렁주렁 달린, 위엄 있는 나무 같은 마을을 가로질러 디슬호텔에 도착했다.

호텔 프런트까지 안내해 준 소니아는 떠났다. 정말 신기한 일이다. 가끔 여행 중 만나는 사람들…… 그들은 누가 보내 주는 것일까? 오늘도 내겐 정말 귀한 선물처럼 소니아가 왔다. 소니아는 오늘 사람 속으로 난 나의 영국 여행길이었다. 아름답고 친절하고 너무나 감사한 길이었다.

중후하고 아름다운 디슬호텔의 모든 공간은 윌리엄 셰익스피어와 영국을 빛낸 그들 선조들의 사진들로 가득 채워져 있었다. 이 책 저 책에서 읽었던 낯설지 않은 이름들, 모습들…… 영국은 역시 대단한 나라구나…… 잠시 생각했다.

소니아가 오늘 저녁(화요일) R.S.C(Royal Shakespeare Company) 극장에서 베니스의 상인(The Merchant of Venice)을 공연한다고 했던 생각이 났다. 그 공연을 꼭 보아야겠다는 생각에 서둘러 극장엘 갔다. 가는 길에 보이는 셰익스피어 시절의 극장, 오래된 건물들, 변하는 것은 무슨 반역이나 되듯 그대로 지키고 있는 옛날, 멀리 보이는 들판,

당당한 모습의 소박한 집들, 에이번 강이 조심스레 흐르고 하늘엔 벌써 부지런한 달이 부드러운 미소를 보내고 있었다.

그때도 이랬으리라, 셰익스피어가 태어나고 자라고, 그리고 연극을 하고 소네트를 쓰고 희곡을 쓰고 늙어갔을 때도…… 극장은 멀지 않았다. 느린 걸음으로도 십 분쯤 걸리는 거리였다. 저마다 성장을 하고 모여드는 사람들…… 일곱 시 십오 분에 시작하고 열 시 십 분에 끝나는 <베니스의 상인> 표를 끊었다.

극장 안쪽은 원형 스탠드 모양을 하고 있었다. 모든 연령대의, 예술의 향기를 사러 온 사람들, 약간 상기된 얼굴빛의 멀리서 가까이서 온 사람들이 소곤소곤 속삭이고 있는 극장 안의 모습…….

처음부터 열려 있던 원형의 무대 위로 배우들이 등장했다. 붉은 카펫 위의 배우들은 한바탕 춤을 추다가 갑자기 연극을 시작했다. 샤일

▲ 셰익스피어 극장 내부

록(SHYLOCK) 역을 하는 배우(ANGUS WRIGHT)의 연기가 돋보였
다. 너무나 흥겹고 즐거워하는 관람객들 모습이 내겐 또 하나의 구경
거리였다.

▲ 연극 장면

한 번의 휴식 시간 이십 분, 사람들은 쉬는 시간 내내 마시던 차를 다 식혀가면서 열띤 토론을 하고 있었다. 그들의 모습을 보며, 우리나라의 고전이 무대에 올려지면 우리도 저렇게 좋아하며 진지하게 볼 수 있을까 생각했다. 처음처럼 무대 위에 모든 배우가 오르고 춤을 추었다. 그리고 연극은 끝났다.

열 시가 훨씬 넘은 시간, 밤은 자꾸만 깊어 갔다. 호텔로 돌아오며 공연 안내 책자에서 읽은 구절을 다시 생각했다. 사무엘 존슨의 글 중 한 구절이었다. 셰익스피어의 작품을 인생의 지도로(His works may he, considered a map of life) 생각해 본 그의 말은 정말 옳았다.

『베니스의 상인』은 1596년경의 작품으로 지금도 수많은 사람들에게 읽히고, 영화화되고 연극화되고…… 너무나 유명한 작품이다. 베니스의 상인, 안토니오(Antonio)는 친구 바사니오(Bassanio)가 포샤(Portia)에게 구혼을 할 수 있게 하기 위해 고리대금업자 샤일록(Shylock)에게서 돈을 빌려 준다. 그리고 돈을 갚을 수 없을 땐, 자기 살 일 파운드를 떼어 준다는 증서를 써 준다. 한편 포샤는 금, 은, 납 세 가지 상자를 내놓고 자신의 초상이 들어 있는 걸 선택하게 한다. 이에 납으로 된 상자를 선택하고 구혼에 성공한다.

그렇지만 안토니오는 바사니오가 약속한 날짜까지 돌아오지 못해 목숨을 내놓아야 할 입장이 된다. 이때 포샤가 남장을 하고 베니스 법정의 재판관이 된다. 그리고 살을 떼어 가되 피를 흘려서는 안 된다고 한다. 결국 샤일록은 재판에 지고 재산을 다 빼앗긴다.

베니스의 상인은 어린 시절, 중학교 때인가 읽고 박사 과정을 공부할 때 한 번 읽어 보았다. 셰익스피어의 고향에 와서 보는 연극은 그가 직접 연기하는 듯한 감동을 주었다. 정말 쓰는 것만큼 힘센 건 없

는 것 같다. 한 번 쓰면 영원히 쓰는 것이니 말이다. 물론 셰익스피어 같은 명문장이라야 하겠지만……

약간의 백야 현상이 있는 듯 늦은 밤도 쉽게 어두워지지 않았다. 연극을 관람한 기쁨 때문인지 호텔에 와서도 오래도록 잠들 수 없었다. 『한여름 밤의 꿈』처럼 여름밤은 깊어 가고 생각의 담장을 『베니스의 상인』 속 명구들이 넘나들었다.

사랑은 눈먼 장님(Love is blind)
뜨거운 열정은 차디찬 계율을 뛰어넘는 것(temper leaps over a cold decree)
만약 실천하는 게 아는 것만큼 쉽다면(if to do were easy as to know)
……………………………………

다음 날 아침, 셰익스피어가 태어난 집을 찾았다. 호텔 바로 앞에

서 시티투어 버스를 탔다. 외곽의 넓은 들판을 달려 시내 한가운데에 도착했다. 번화가, 헨리 스트리트에 셰익스피어의 집이 있었다. 잘 가꾸어진 정원을 지나 현관문이 보였다. 황금빛 꽃이 핀 장미가 있는 출입구, 회칠한 벽이 먼저 눈에 들어왔다.

윌리엄 셰익스피어가 태어났고(1564년), 자랐을 뿐 아니라 오래도록 그의 생을 지켜보았을 집이다. 결혼(1582년) 후에도 가끔 여기서 부인과 살았으며 아버지가 돌아가신(1601년) 후 물려받았고 그가 다시 첫째 딸에게 물려 준 집이다.

윌리엄 셰익스피어의 아버지는 장갑을 만들어 팔기도 하고 울 딜러도 했으며 마을의 읍장 일을 맡기도 했다. 비교적 부유한 집이었을 것으로 보였다. 400년 세월을 훨씬 넘게 셰익스피어와 그의 가족을 쉬게 했고 지금도 수없이 많은 관광객들의 마음을 쉬어 가게 하는 곳, 그리고 예술적 감동과 에너지를 불어넣어 주기도 하는 곳, 어쩌면 모든 예술가들의 성지인지도 모를 곳이다.

입구를 지나 커다란 홀이 보였다. 가족들이 함께 모여 식사를 했던

곳, 그리고 식사 준비를 위한 그릇들이 보였다. 맨 끝 공간으로 들어서자 장갑을 만들던 작업장이 보였다. 거기엔 그 시대의 복장을 한 여인이 어떻게 가죽을 다루고 디자인하고 자르고 장갑을 만들었는가를 설명해 주었다. 그리고 다양한 형태의 지갑도 만들었다고 했다. 오른쪽 벽에 있는 작은 창으로 장갑을 사고팔았었다고 설명해 주기도 했다

2층으로 오르자 침실이 있었고 또 하나의 침실이었던 곳, 지금은 집의 역사와 셰익스피어 순례자들에 대한 기록이 전시되어 있었다. 전시물들이 있는 유리에는 존 키이츠(1817), 월터 스코트(1821), 토마스 칼라일(1824), 알프레드 테니슨(1849), 핸리 롱펠로우(1868), 마크 트웨인(1873), 토마스 하디(1896) 등을 포함한 방문객들의 이름을 유리면에 긁어 기록해 놓았다.

▲ 장갑 공장

▲ 방문객들의 사인

▲ 셰익스피어의 침대

　바로 그 옆 또 하나의 침실이 윌리엄 셰익스피어가 탄생한 곳이었다. 초록색과 빨간색 울로 된 베드커튼이 드리워져 있었고 조그만 아기 침대가 그 옆에 놓여 있었다. 아기 옷, 셰익스피어 시대의 장난감도 있었다.

　베드커튼이 드리워진 멋진 침대 옆에 당시의 복장을 한 남자가 앉아 있었다. 내가 그 방에 들어서자 아주 천천히 그리고 정중히, "어디서 오셨어요?", "한국, 서울에서요", "북한이 아니고요?" 하며 다시 물었다. "네 한국이요" 하고 대답하자, "사실은 며칠 전에 북한 사람들이 왔었어요. 여자도 한 명 포함해서요" 하면서 말을 이었다. "정말 오랫동안 여기 근무했지만, 북한에서 온 사람은 처음이었어요"라고 했다. 그 말을 받아 "좋은 현상이라고 생각해요"라고 말해 주었다. 윌리엄 셰익스피어가 태어난 방을 나와 방문자를 위한 전시실에 갔다. 거기엔 셰익스피어 시대의 그가 다녔던 글래머스쿨에서 썼던 책상 등이 전시되어 있고 그의 삶에 대한 기록, 작품 구상을 위해 유럽 여러 나라의 전설 등을 섭렵했다거나 하는 등의 내용들을 전시해 놓았었다.

그 같은 전시물들을 둘러 본 후 다시 시티투어 버스를 탔다. 아침부터 조금씩 내리던 비는 그쳤다 내리기를 반복하며 하루를 적시고 있었다. 도심을 벗어 나와 가랑비 내리는 풀길을 따라 달렸다. 십 분쯤 달렸을 때, 셰익스피어의 아내 안 하사웨이(Anne hathaway)가 결혼하기 전 살았던 아름다운 농가 주택이 보였다. 윌리엄 셰익스피어가 태어난 집보다 더욱 아름답고 넓은 정원을 가지고 있는 집이었다. 매혹적이기까지 한 아름다운 정원 앞에 특별난 지붕을 가진 집이 서 있었다. 19C까지 후손들이 농사를 짓고 살았었다고 했다. 이 아름다운 집에도 알프레드 테니슨(1892), 찰스 디킨스(1892) 등 많은 유명한 작가들이 방문했다.

이곳은 열여덟 셰익스피어가 여덟 살 연상인 스물여섯의 안 하사웨이에게 결혼을 위한 구애를 한 로맨틱한 장소이기도 하다. 2층으로 된, 상당히 많은 것을 갖춘 부농의 집이었다. 집 건너편 쪽에 산책로가 있고 작은 시내가 있다. 이는 『햄릿』의 오필리아의 익사 장면 묘사에 영향을 주었을 것이며 그의 작품 속에 나타나고 있는 시골에 대한 생생한 묘사에 크게 영향을 주었을 것이라고 사람들은 말하고 있다.

온갖 빛깔의 꽃으로 장식되고 있는 자연 그대로의 정원, 낯설기까지 한 특별한 모양의 지붕, 그리고 아늑한 집안 내부와 정원을 지나 밖으로 연결되는 산책로를 걸으며 십 대의 셰익스피어가 느꼈을 사랑의 기쁨을 생각해 보았다. 그리고 왜 여덟 살이나 위인 안 하사웨

이를 사랑하게 되었을까도 생각해 보았다. 옛날 그 옛날 셰익스피어가 아직 어리다고 말할 수 있을 때, 그들이 나누었을 사랑의 장면을 영화처럼 연상해 본다. 아마도 오늘날 우리가 읽을 수 있는 소네트와 유사한 사랑의 시를 안 하사웨이에게 들려주지 않았을까 생각하며 먼 옛날을 마음 가까이 가져와 보기도 했다.

문득 센스 앤드 센서빌리티(Sens and Sensivility) 생각을 했다. 산문의 셰익스피어라 불리는 제인 오스틴의 소설을 영화화한(1995년) 것, 예민하고 감성적인 성격의 마리앤과 존 윌러비의 재회 장면에서 함께 암송했던 셰익스피어 소네트 116번을 떠올려 본다.

소네트 116

참된 마음의 결합에 그 어떤 방해물도
허락하지 말라. 변화가 왔다고 변하거나,
음해하려 한다고 해서 음해당하는 것은
사랑이 아닌 것.
결코 아닌 것, 사랑은 폭풍우 속에서도
결코 흔들리지 않는 영구히 고정된 하나의 지표
사랑은 그 높이는 잴 수 있으되, 그 가치는
헤아릴 수 없는 모든 방랑하는 배들의 북극성.
비록 장밋빛 입술과 뺨은 시간의 굽은 낫 속에
걸려들지만, 사랑은 시간을 초월하는 것.
....

셰익스피어와 그의 아내 사이에도 영화처럼 특별한 사랑 이야기가 있었을 것만 같은 생각을 하며 오후로 가는 하루에 내리는 빗방울을 바라보았다. 다시 천천히 걸어 시티투어 버스를 탔다. 조금 전에 기념품 가게에서 산, 스트랫퍼드-어폰-에이번에 대한 영상 CD케이스가 비에 젖어 있다. 깨끗이 닦아 배낭에 넣었다. 그리고 버스 드라이버와 나누는 영국 관광객들의 잡담에 나도 잠깐 끼어들었다…… 이 정도 비는 비도 아니에요. 아 몇 년 전 여름엔 정말 대단했어요. 이 일대가 다 물에 잠겨서 난리가 났었지요. 여기는 지대가 낮은 게 큰 흠이에요. 아 그리고 겨울엔 정말 추워요. 그래도 여름이 좋아요. 윌리엄 워즈워스 고향이 어딘지 아세요? 잘 모르겠는데요. 그 사람 시를 한 번도 읽은 적이 없어요. 좀 부끄럽네요. 한국 사람이 다 아는데…….

이야기가 한창인데 내려야만 했다. 스트랫퍼드-어폰-에이번에서 5Km쯤 떨어진 곳, 셰익스피어 어머니가 결혼하기 전에 살았던 메리 아덴 농가를 찾아가기 위해서였다. 아직도 주변이 밭으로 둘러싸인 농가였다. 그의 외할아버지가 농사를 짓던 이곳은 그의 희곡에, 농촌에 대한 묘사라든가 인물의 성격 창조 등에 커다란 영향을 주었다고 한다. 소 외양간, 헛간 등도 있었고 특히 650개의 구멍이 뚫려 있는 비둘기 집은 신기하기까지 했다. 조그만 기념품 가게에 들러 셰익스피어 시대 음악 CD를 샀다. 소네트를 노래 부르거나 연주한 것이었다. 그리고 낸시의 집과 뉴 플레이스 등을 둘러보았다.

윌리엄 셰익스피어와 관련한 집들, 그들은 400여 년의 시간을 넘어 그와 그 시대를 보이게 하는 눈이었다. 그들은 저 멀리 시간의 길 아래로 흘러가 지금은 보이지 않는 시간의 공간을 가득 채워 둔 빈집들이었다. 가버린 시간을 바라보는 법을 가르치고 있었고 그들은 셰익스피어 시대와 지금이 만나는 시간의 여울이었다. 마음의 손을 꺼내 흔들어 작별 인사를 했다. 빗속으로 멀리 사라져 가는 집들 사이로 낮의 그림자, 어둠이 자꾸 밤을 나르고 있었다.

셰익스피어가 세례를 받고 아내와 딸과 함께 묻힌 트리니티 교회 (Holy Trinity church)가 에이번 강가에 있었다. 셰익스피어 삶의 처음 과 끝의 기억을 간직하고 있는 교회다. 그는 언어 예술로 인류사에 자신의 존재를 각인해 두고 여기 잠들어 있는 것이다. 윌리엄 셰익스 피어는 52세로 생을 마감하기 전 유언장을 썼다. 가장 많은 재산은 큰딸 수잔나에게 주었고 아내에게는 낡은 침대를 남겼다고 한다. 『햄 릿』에서 그는 예술의 목적은 "거울을 들어 자연을 향해 비추는 것"이 라 했다. 인간의 삶 자체를 있는 그대로 보여 주는 것이 그의 예술인 것이다.

갈등하고 고뇌하고…… 그가 그의 예술 속에서 보여 주었던 것이 우리들 인간의 생생한 삶이며 또한 그의 삶 자체인 것이다. 때로는, 인생은 봄에 피는 꽃 그러나 때를 놓치지 마세요, 사랑은 봄에 한창 이니까요(『당신 좋으실 대로』)하고 젊음을 만끽했는지도, 사느냐 죽 느냐 이것이 문제로다(『햄릿』)하고 지독한 고뇌에 빠져 햄릿처럼 생 의 한가운데서 독백했는지도 모를 일이다.

어떻게 살든 결국 죽게 마련(『헨리 6세 3부』)이라 하지 않았던가. 또한 인생은 걸어 다니는 그림자(『맥베스』)라 그가 말하지 않았던가. 그리고 남는 것은 침묵뿐(『햄릿』)이라 말한 그가 성스런 트리니티 교 회에 누워 침묵을 말하고 있을 뿐. 그러나 그는 그의 작품으로 영원 히 말하는 입, 무수한 그의 작품들이 말하고 영화로 연극으로 만화로 까지 끊임없이 다시 말해지고 있다.

또한 그를 신앙처럼 모시는 작가들은 수없이 그의 작품들을 다시 쓰기 하고 있다. 버지니아 울프는『진실한 영혼들의 결혼』이란 제목을『소네트 116』에서 가져다 썼다.『맥베스』의 독백 하나만 보아도 윌리엄 포크너는『헛소리의 분노』, 말콤 에반스는『아무런 의미도 없는 것』, 헉슬리는『단명한 촛불』,『내일 또 내일 또 내일』이란 제목 등을 빌려다 썼다. 어디 그뿐이랴, 끝없는 새로 쓰기가 이 순간에도 이루어지고 있을 것이다.

또한 어찌 작가들뿐이랴. 평범한 사람들 입에서도 그의 말은 계속, 또다시 생생하게 살아나고 있지 않은가?

별과 달이 밤새 짠 아침을 걸치고

코커마우스(Cocker mouth), 세상에 윌리엄 워즈워스를 보여 주고 길러낸 땅.

오늘은 그곳을 찾는다. 두시쯤 만난 팬리스(Penrith)역은 작고 조용했다. 오후가 조금씩 익어가는 시간, 저녁은 아직 멀고……. 역 앞 조그만 정류장에서 코커마우스행 버스 시간표를 본다. 매시 36분마다 있는 버스를 탔다. 한 시간 남짓, 길은 들꽃과 호수와 양 떼. 그리고 멀리 서 있는 산, 시내들을 보여 주는 창이었다. 창은 때때로 영화관 스크린 같기도 했다.

가장 선명하게 혼자 있으면서도 완벽하게 함께 있는 것들, 몽환적인 햇볕이 따가운데도 달 뜬 밤 같은 한낮이었다. 셰익스피어의 고향에서 만난 사람들이 가장 가고 싶은 곳이라 했던, 영국 사람들이 가장 사랑한다는 레이크 디스트릭트, 그건 바로 자연의 매혹이었다.

냇물은 살지고 부드러운 몸을 느릿느릿 자연 속으로 흘려 보냈고

처음 본 들꽃의 옷 빛, 그리고 몸짓, 어떤 꽃은 명상하듯 고요의 꽃잎 하나씩을 가만가만 바람결 속에 무늬 짜 넣고 있었다. 산등성이들도 멀리 혼자 구르듯 평화로웠고 가파르고 급한 곡선은 한순간도 만날 수 없었다.

그들은 멀리 혼자 있으면서 가득한 외로움으로 평화로웠고 가끔 아주 길게 누워 잠들어 있기도 했다. 거대한 평화의 에너지 속을 마음이 걸어 도착한 곳 캐직(Keswick), 창 너머로 따뜻하고 고소한 냄새의 김을 풍기며 잉글리시 티와 샌드위치를 파는 가게가 있는 정류장이 보였다.

먼 나라에서 온 사람과 도회 사람들 그리고 이곳 사람들이 섞인 풍경 옆, 장미 넝쿨과 마타리들도 서로 섞여 햇살에 뜨거워진 볼을 비

비고 있었다. 사람들 몇몇을 내려 주고 태워 주고 숲으로 또다시 기어드는 버스, 시간마저 여기서는 제시간 맞추어 흐르지 못할 것 같은, 아마도 하루에 반나절씩은 늦게 갈 것 같은 곳. 사람들·산·나무·물·들꽃·다들 예쁘게 하고 살기로 약속한 것 같은 곳, 숲에 박힌 보석 같은 집, 아니 숲에 달린 어떤 열매 같은 붉은 빛깔의 집들.

　지상을 산책하기 위해 오는 듯한 느린 속도의 가는 빗방울. 잠깐씩 허공을 날다 그치는 빗방울 사이로 무지개 뜨듯 솟아난 마을, 코커마우스. 너무 많아 소란하거나 시끄럽지도, 너무 적어 쓸쓸하지도 않은 숫자의 사람들이 다정스레 나눠 쓰고 있는 곳, 저녁이 와서 밤이 곧 다가올 시간에 도착했지만 숙소 하나 정해지지 않은 낯선 나그네인 내 마음은 평화 그 자체였다. 그토록 더웬트와 코커 강이 안아 흐르는 강의 안쪽, 마을은 아주 포근했다.

월리엄 워즈워스의 어린 시절 집 건너편에 있는 호텔을 숙소로 정했다. 피로가 나를 쉽게 잠재웠고 초저녁 시간이 자장가처럼 흐른 뒤 내 잠의 틈새로 잠깐 내다보는 밖, 별과 달이 나와 아름다운 아침을 짜고 있었다. 너무나 감사했다. 워즈워스의 태어난 집을 보기 전, 이렇게 아름다운 밤에 누워 쉬면서, 기다릴 수 있다니…….

듀엣처럼 두 강이 부르는 노랫소리가 밤새 별빛 사이로 지나다녔고 태양 아래로 새로운 날이 왔다. 별과 달이 밤새 짠 아침을 걸치고 거리로 나왔다. 워즈워스가 태어나고 자란 집을 찾아가기 위해서였다. 아침 열 시 사십 분, 생가의 문을 열기 이십 분 전, 아직 이른 시간.

가장 밖엔 낮은 담이 바람 속에 서 있고 그 너머로 허브 꽃잎이 흩날리는 곳이었다. 집보다 먼저 열린 기념품 가게를 둘러보았다. 기념품을 파는 중년 여인은 워즈워스를 매우 자랑스러워 했다. 그리고 그의 시 <나비에게(To Butterfly)>와 <수선화(daffodils)>를 아주 좋아한다고 했다. 정각 열한 시 생가가 열렸다. 들어서자 먼저 나를 맞는 허브 향, 정원은 꽃으로 가득했고 그 꽃잎에 지금은 멀리 간 워즈워스의 어린 시절이 다시 돌아온 듯 피어나고 있었다.

뒤뜰엔 무슨 기억의 가장 중심처럼 커다란 나무가 한 그루 서 있었다. 햇살을 반사하는 잎들을 반짝이면서 옛날을 보여 주는 거울 같은 포즈로 서 있는 나무였다. 오래도록 바라보고 있자 나무의 가장 아래 있는 가지에서는 워즈워스의 어린 시절에 대한 이야기가 들려 오는 듯했다. 그리고 온갖 채소들이 푸르고 붉고, 노란 살결들을 드러내고 있었다.

▲ 코커마우스 어린 시절 집 정면

▲ 코커마우스 어린 시절 집 뒤뜰

침실, 거실, 부엌. 공간을 따라 그의 어린 시절 모습을 보았다. 밖에서 보기보다 크고 아늑한 실내 공간들. 여유 있고 행복한 가정을 떠올리기에 충분했다. 부엌에서는 아직도 그때 그 옛날 요리했던 음식의 행복한 맛이 배어 나오는 듯했다. 공간과 공간 사이로 그의 시, <천진한 아이(A wild child)>가 떠올랐다. 사랑스러운, 너무나 아름다운 더웬트 강의, 네 살 적 여름날, 발가벗고 물 장난치기, 햇볕 쬐기, 모래사장 달리기, 노란빛의 야생화를 보여 주고 천둥소리까지 생생하게 들려주는 시구들……

A Wild Child

Beloved Derwent, fairest of all streams,
Was it for this that I, a four years' child,
A naked boy, among thy silent pools
Made one long bathing of a summer's day,
Basked in the sun, or plunged into thy streams,
Alternate, all a summer's day, or coursed
Over the sandy fields, and dashed the flowers
Of yellow grunsel; or, when crag and hill,
The woods, and distant Skiddaw's lofty height,
Were bronzed with a deep radiance, stood alone
A naked savage in the thunder-shower?

변호사였던 아버지의 다섯 아이 중 두 번째 아이로 태어난 그, 여덟 살 때 어머니를 잃어버리고 오 년 후 다시 아버지마저 잃어 열세 살 어린 나이에 고아가 되었다. 그는 어린 시절의 어떤 것도 잊을 수 없다고 했다. 행복하고 즐겁고 슬픈 일 모두를 선명하게 기억한다고 했다. 이 모든 것들이 그가 가진 시간의 점들을 이뤘을 것이다.

진주조개가 상처를 치유하기 위해 진주를 만들 듯 시인은 상처를 치유하기 위해 시를 쓴다고 누군가 말하지 않았던가? 아주 어린 나이에 부모를 모두 잃고 시보다 더 아름다운 마을에서 자랐으니, 그의 시가 예사롭지 않을 수밖에. 부모님이 비워둔 곳에 고향의 자연이 깊숙이 자리하고 그를 키워냈을 것이다.

어머니를 잃은 후 다음 해 그는 마을 근처에 있는 혹스헤드(Hawkshead)로 보내졌고 그곳에서 학교를 나녔다. 그때의 기억들은 혹스헤드의 여름, 익사한 남자, 갈까마귀의 둥지, 혹스헤드의 겨울에 등의 시에 박혀 있다. 뱃놀이와 스케이팅, 새 둥지 엿보기, 다들 어린 날에 놓인 징검다리들일 것이다. 워즈워스가 건너 가고 건너 왔을, 그리고 그의 시를 읽으며 우리도 건너 가고 건너 올 수 있는 징검다리.

도브 코티지와 워즈워스 박물관

여름날의 아침 날씨는 흐렸다 개였다, 무엇을 생각하고 있다가 활짝 웃다가 잠깐씩 우는 것 같은, 그리고 또 활짝 웃는, 햇살 속으로 걷다가 캐직(Keswick) 가는 버스에 올랐다. 시선이 닿는 곳마다 신비의 향기가 피어나고…… 안개 낀 날씨는 면사포 쓴 신부처럼 아름답다.

이십 분 후 캐직에 닿았다. 거기서 다시 글라스미어에 가는 버스에 옮겨 탔다. 1층은 텅 비어 있었고 2층에 가득한 사람들, 이곳에 사는 사람들마저도 대도시를 오픈투어하듯 잠깐이라도 더 구경하고 싶어 하는 풍경. 사람들의 건축물 역사물들보다 어쩌면 더욱 진귀한 풍광.

어찌 인간들의 건축물만 건축이라고 할 수 있으랴. 오랜 시간 동안 땅 속으로 깊이 뿌리 내려 자연이 지어 올린 아름드리나무, 옛 빛과 향기들, 또 모양을 그대로 보여 주는 야생화들, 저들은 분명히 영원히 부서지지 않는 자연의 건축물이 아닌가. 아무도 없어도 누가 있는 것만 같은, 우리가 모르는 누군가가 살기 위한 거대한 궁전 같은 호수와 시내와 돌들, 궁전의 코너를 장식하기 위한 것 같은 레이스 같은 꽃잎들…… 숲으로 가는 오픈투어 삼십 분 후 글라스미어에 도착했다.

여름날 오후가 시작될 무렵 따가운 햇볕 사이로 도브 코티지가 보였다. 작은 꽃잎의 핑크빛 장미가 창으로 기어오르면서 바람과 놀고 있는 집이었다. 워즈워스가 케임브리지 대학을 거쳐 프랑스에서 몇

▲ 도브 코티지

년을 보내고(1791~2), 낯선 곳의 시간들을 거느리고 돌아왔던 곳. 프랑스와 스위스, 북이탈리아를 여행하고 여행의 스릴과 정복을 간직하고 정착했던 고향의 집 도브 코티지. 그가 1799년부터 1808년까지 살았던 곳.

작은 문을 지나 1층에 들어섰다. 어둡고 다소 눅눅한 느낌의 실내, 전면의 커다란 유리창으로 뜰 앞의 풀잎과 꽃들이 손짓하며 나를 바라보고 있었다. 연료 저장고, 식사 때 쓰던 그릇들, 쉐이빙케이스, 부채 하나…… 침실. 2층으로 올라갔다. 집필실에 그가 쓰던 낡은 의자가 과거를 재는 시계처럼 지금도 혼자 집필하고…… 크지 않은 뒤뜰에서는 이름 모를 새들이 나무에서 나무로 날갯짓하고. 노란 빛깔의 꽃들이 이백 년 전의 얼굴을 다시 꺼내 보여 주고…….

▲ 도브 코티지

▲ 도브 코티지의 뒤뜰

워즈워스가 이곳에 이사 온 것은 1799년 12월 20일, 그가 스물아홉 때였다. 여기 살면서 그는 시 창작에 전념하게 되었고 수많은 명편을 썼다. 레이크 디스트릭트의 아름다운 계곡 중 하나인 글레스미어 도브 코티지는 시인의 진정한 정신적 집이 되었고 고향 안의 또 다른 고향이었던 곳이다. 계곡, 여름, 겨울, 나비에게, 도브 코티지가든…… 이 같은 시편들엔 이곳의 자연과 그 속에서 가졌던 생의 한 순간들이 가득 들어 있다.

문득 이곳에 함께 살았던 여동생 도로시의 글이 생각난다. 1802년 4월 15일 산책길에서 보았던 수선화 무리들에 대한…… 영국인들뿐만 아니라 세계인들이 아끼고 사랑하는 명편인 워즈워스의 시 수선화에 는 그가 마음으로 본 고향의 수선화가 가득 피어 있다. 시, 수선화는 지지 않는 꽃으로 영원히 살아 있을 언어의 꽃이며 시의 수선화가 아 닌가.

도브 코티지 옆 진한 비둘기 빛 돌로 된 건물, 워즈워스 박물관이 보였다. 박물관을 들어서자마자 외롭고 예민한, 그리고 쓸쓸해 보이 는 젊은 시절의 워즈워스 모습을 찍은 사진이 마주하고 있었다. 시간 의 흐름에 따라 노년의 모습을 찍은 사진들도 보인다. 그리고 가까운 사람들과 주고받은 편지들, 교류했던 사람들의 사진들, 시대별로 시 편들을 들을 수 있는 헤드폰…… 헤드폰을 쓰자 워즈워스의 시가 흘 러 나왔다.

돌계단을 내려와 오른 편에 있는 작은 기념품 가게를 들렀다. 커다 랗게 써 붙여 놓은 수선화의 첫 행이 눈에 띄었다. **I wandered lonely as a cloud,** 몇몇 기념품을 사 들고 다시 도브 코티지를 바라 보았다. 그 집엔 여름날 오후가 가득 살고 있었다. 장미 꽃잎에도 지붕에도

워즈워스가 오래도록 드나들었을 작은 현관문 위에도…… 조금 전 만
났던 영국인 중년 부부가 무척 좋아한다고 했던 수선화의 첫 구절을
읊조려 본다. 조금 전 가게에서 산 기념품 위에 적힌 수선화 전편을
읽어 본다. 내면의 눈 속에 워즈워스의 말들이 봄날의 수선화 피듯
피어올랐다. 내 마음은 이내 수선화 꽃밭이 되고 있었다.

Daffodils

I wandered lonely as a cloud
That floats on high o'er vales and hills,
When all at once I saw a crowd,
A host, of golden daffodils;

▲ 기념품 가게에 붙인 워즈워스의 시구

Beside the lake, beneath the trees,
Fluttering and dancing in the breeze.

Continuous as the stars that shine
And twinkle on the milky way,
They stretched in never-ending line
Along the margin of a bay:
Ten thousand saw I at a glance,
Tossing their heads in sprightly dance.

The waves beside them danced; but they
Out-did the sparkling waves in glee:
A poet could not but be gay,
In such a jocund company:
I gazed - and gazed - but little thought
What wealth the show to me had brought:

For oft, when on my couch I lie
In vacant or in pensive mood,
They flash upon that inward eye
Which is the bliss of solitude;
And then my heart with pleasure fills,
And dances with the daffodils.

수 선 화

나는 외로이 헤맸네
골짜기와 언덕의 높이 뜬 구름처럼
한 떼의 금빛 수선화

호수 곁 나무 아래 미풍 속에서
팔랑이며 춤추는 걸 문득 보았네

호숫가에 끝없이 피어 있었네
반짝이는 은하수의 별처럼
가볍게 머리 흔들며
명랑하게 춤추는 수만 개의 수선화

호수의 물결도 함께 춤추었지만
더욱 흥겨웠네 수선화는
그토록 행복한 그들 속에서
마음 들뜨지 않을 수 없었네
보고 또 보며 잠시 생각했네
이들이 내게 주는 행복이 무언가를

가끔
고독과 공허의 마음으로
카우치에 누워 생각에 잠길 때면
수선화는
고독의 희열에 찬 내면의 눈에 와 빛나고
내 마음 기쁨으로 가득 차 오르네
수선화와 함께 춤을 춘다네.

라이달 마운트 가든(RYDAL MOUNT & GARDENS)

빗방울이 하나씩 둘씩 햇살 속에 내렸다. 호수 위에 내린 비는 이
내 호수가 되었고 바람에 내린 비는 이내 바람이 되었다. 점점 굵어

지는 빗방울에 오후가 촉촉하게 젖고 있었다. 비를 맞으며 라이달 마운트로 가기 위해 정류장에 서 있었다.

오 분쯤 후 우산이나 펴 주듯 버스가 왔다. 라이달로 가는 길은 숲으로 구불거렸고 길옆 호숫가는 풀꽃들로 가득했다. 약 이십 분쯤 지났나 싶었을 때 라이달 마운트 역에 내렸다. 비는 아직 오고 길은 비스듬히 산으로 경사져 있었다. 오 분쯤 걸었을 때 라이달 산기슭에 자리하고 있는 라이달 마운트 가든을 만났다. 얕고 조그만 대문을 밀고 들어 서자 많은 꽃들이 어울려 기어오르고 내리며 피고 있는 아름다운 정원이 보였다. 저택이었다. 삼십칠 년 동안 여기 살면서 그의 시는 널리 알려졌고 점점 유명해졌다.

유리 밖으로 아름다운 정원이 보였고 너무 낡아 시간이 지나간 길이 모래사장의 물결무늬처럼 작은 무늬로 새겨진 길고 까만 소파가 눈에 띄었다. 워즈워스가 쓰던 것이었다. 가족들의 몇몇 사진과 그들

이 쓰던 물건들, 침실들……

2층에 있는 서재로 들어섰다. 작고 아름다운 방, 좌측과 정면에 있는 커다란 유리창이 아름다웠고, 멀리 보이는 풍경은 매혹에 가까운 것이었다. 창 너머 보이는 숲을 건너뛰고 뛰어 시선이 끝닿는 지점에 보이는 라이달 호수의 물결이 눈에 와 담길 것 같은 집필실, 거기 있기만 해도 보이는 것, 들리는 것이 다 시가 될 것만 같은 곳. 지금도 워즈워스가 무언가 열심히 생각하고 쓰고 있는 것 같은 방, 비어 있지만 가득 차 있는 곳.

워즈워스가 태어나고 오랫동안 살았던 곳 레이크 디스트릭트는 사람들이 하늘, 양, 풀……이라고 부르지만 따로가 아닌 하나로 뭉쳐진 한 덩이인 놀라움의 경치를 가지고 있다. 그중 어느 하나만 떼어 놓

▲ 라이달 마운트 가든

아도 그 특별난 아름다움이 일순간에 사라질 것만 같은 곳이다.

여기서는 사람들마저도 쉽게 너와 나를 구별하지 못하게 할 것만 같은, 한 덩이의 순수 자연 세계다. 아폴리 네르(Gillermo Apolliare)의 "어느 날 나는 나를 기다리고 있다"의 시구가 쉽게 이해될 듯한 곳. 초록빛 나무, 풀빛 속에 느리게 뒹구는 시냇물 물 살결 속에서 숨은 신의 숨소리가 들려 오는 곳……가만히 눈감고 있으면 숨결이 스며드는 곳. 마음이 잠깐 휘청거릴 만큼의 호흡, 지금도 들리는 듯한……그래서 하늘의 무지개를 보면 내 가슴이 뛴다를 다시 한 번 읊조려 본다.

My heart leaps up when I behold

My heart leaps up when I behold
A rainbow in the sky:
So was it when my life began;
So is it now I am a man,
So be it when I shall grow old,
Or let me die!
The child is the father of the man;
And I could wish my days to be
Bound each to each by natural piety!

무지개를 볼 때마다 내 가슴 뛰나니

무지개를 볼 때마다
내 가슴 뛰나니,
어릴 적에도 그랬고

어른 된 지금도 그렇고,
늙어서도 그럴 것이니
그렇지 않다면 차라리 죽느니만 못하리!
아이는 어른의 아버지,
내 생의 나날이 자연을 숭앙하는 어릴 적 마음으로 이어지기를!

노력하는 한 방황하기 마련

바이마르, 괴테의 집 가든 하우스

　암스테르담, 렘브란트 집이 그 옛날 동인도로부터 진귀한 물건을 나르던 운하 가에 있었지, 거기서 멀지 않은 곳, 중앙역에서 기차를 타고 네덜란드를 떠났다. 라인 강 따라 기차가 흐르고 고성은 옛날이 띄워 놓은 애드벌룬. 물 맑은 강에 유람선들, 요트들, 음악처럼 들려오는 건강한 강의 숨결……

　창가에 앉아 있는 여인에게 말을 건넸다. 어디서 오셨어요. 미국이요. 저는 성악을 하는 사람인데요, 라인 강이 좋아서 거의 일 년에 한 번씩은 와요. 남편과 같이 오곤 했는데 이번엔 혼자 왔어요. 연주 여행이죠…… 세월의 무게가 얹혀 있고 예술적 행복이 스민, 자유의 깃발이 펄럭이는 모습의 여자였다. 꽃핀 물결은 뱃전에 오르내리며 장식하다 지고 피고, 신에게 바칠 그림이나 그리는 듯, 갈매기는 흰 깃털 붓으로 강물을 찍어 허공에 붓질한다. 어느새 나도 기차를 탔었는데 배를 탄 것 같고, 빼어난 풍경은 마취하듯 일상의 고뇌를 꼼짝 못하게 했다. 향기로운 풍경의 숲을 마음으로 산책하는데, 이끼 낀 하늘

바위처럼 태양은 살짝 구름 껴 있다. 살랑이는 바람이 내 시선에 마음 들뜨게 하는 속도를 걸어 주고 있다.

기차를 갈아탔다. 바이마르로 가는 것. 저녁 여섯시 오십삼분에 도착한다. 내 옆에 앉은 다섯 명의 삼십 대 청년들 카드놀이에 홀려 기차보다 빠르게 시간이 달려가는지 모르고…… 그 중 한 남자, 둥근 얼굴에 큰 눈 떠 가끔 나를 쳐다보고…… 어디서 오셨어요? 한국이요. 저는 지금 바이마르 가는데요, 처음이에요. 아! 바이마르 대단하죠. 가보시면 정말 놀라실 겁니다. 무슨 역 무슨 역 다 지나고 카드 놀이 하던 청년들도 내리고 숲은 깊어지고 들은 넓어지고…….

내가 처음 보는 것은 다 새 것이다. 넓은 들엔 새 것들이 현란하게 여름 햇살에 빛나고 새로운 집이 있고 꽃이 피었고 시간의 때 얹혀 멋들어지게 낡은 저 고성도 낡은 새 것. 들이 끝난 저 아주 끝, 촛불 하나 꽂아 놓은 듯한 교회의 첨탑, 먼 바닷가의 등대처럼 서 있었다. 여섯 시 오십삼 분이 오고 바이마르에 도착했다. 역을 빠져나가니 모든 가게가 다 닫혔고 인포메이션 센터만 열려 있다. 그것도 닫기 직전이었다. 서둘러 숙소인 리스트 호텔을 찾았다. 짐을 풀고 저녁 식사 후 거리로 나왔다.

아름드리 나무들이 도시 한가운데 있는 조용하고 운치 있는 곳이었다. 사람들이 무척 여유로워 보였다. 식사 후 호텔에 들어 와 조금 전에 사온 책을 읽었다. 그 책 속에서도 바이마르는 인물의 밭이었다. 괴테, 실러, 리스트, 니체, 마틴 루터, 헤르더…… 우리가 흔히 들던 독일 태생 유명인들이 다들 여기에 살았었다. 셰익스피어의 고향 스트랫퍼드 어폰 에이번에서 만난 독일 젊은이의 말이 생각났다. 바이마르를 정말 자랑스러워하면서 열띤 어조로 괴테의 소설과 시에 대해 이야기하던 기억이 새로웠다.

다음 날 성스럽기까지한 바이마르의 아침이 왔다. 칠월의 햇살이 우아한 자태로 금빛 실을 뽑아 마술 같은 하루를 보여 주고 있었다. 반복의 시간이 바이마르의 오래된 건물 위로 넝쿨손처럼 기어오르고 있었다.

산책하듯 여유로운 걸음으로 삼십여 분 걷자 괴테가 살던 집에 닿았다. 비교적 한적한 도시였지만 집 근처에는 많은 사람들이 모여 아름다운 레스토랑에서 식사를 하거나 거리의 악사들이 연주하는 모습들을 보기도 하고 괴테와 실러의 동상노 둘러보고 있있다. 조금 전 내가 도착한 괴테의 집은 그의 삶이 프랑크푸르트 시절을 마치고 도착한 곳이다.

괴테가 태어나고 자란 프랑크푸르트 시절 그가 열다섯 살 때, 그레트헨(파우스트가 사랑하는 어린 소녀의 이름이기도 함)을 만나 첫사랑을 한다. 그 후 라이프치히 대학에서 법률을 공부하고 변호사가 된다. 그 무렵 샤를로테 부프를 연모하나 친구와 약혼한 사실을 알고 단념한다. 그가 체험한 비극적 사랑을 토대로 하고 로테를 만날 무렵의 친구인 공사관 비서 예루살렘의 권총 자살을 추가하여 이를 밑그림으로 『젊은 베르테르의 슬픔』을 쓴다.

주인공 베르테르(변호사가 직업)가 상속 사건을 맡아 일하면서 로테를 만나 사랑에 빠지나 그녀에겐 약혼자가 있어 비극으로 끝난다. 베르테르는 다른 나라로 떠나며 그곳에서 공사와의 갈등으로 비서직을 그만두고 로테가 있는 곳으로 돌아온다. 그러나 깊어가는 슬픔을 이기지 못하고 권총으로 자살을 한다. 이 비극적 소설은 곧바로 베스트셀러가 되고 그는 문학적 명성을 떨치게 된다. 나폴레옹도 『젊은 베르테르의 슬픔』을 들고 다니며 읽었고(일곱 번이나 읽었다고 함), 바이마르의 괴테를 찾아 만나기도 한다. 당시 사회의 제도와 인습의 지배 그리고 젊은이의 사랑과 고뇌를 쓴 이 소설을 읽고 소설처럼 어떤 독자들은 권총 자살을 시도하기도 했다는 이야기는 널리 알려진 바 있다.

괴테는, 이 작품엔 자신의 가슴 속에서 흘러나온 진솔한 내면적인 것, 감정, 사상이 담겨져 있다고 했다. 그러나 그는 이 소설을 단 한 번만 읽었다. 스스로도 그 작품에서 흘러나오는 병적인 상태로 다시 가까이 접근하는 것을 두려워했다. 그가 체험한 샤를로테 부프와의 비련, 그것이 주는 고통이 어떠했는지를 짐작할 만하다. 그로 인하여 스스로 자살을 생각해 본 적도 있었으며 그 같은 절절한 실제 체험이 작품으로 녹아 들어가 사람들 마음을 크게 움직이게 하는 원동력이 되었고 따라서 베스트셀러가 되지 않을 수 없었을 것이다.

그 후 은행가의 딸 릴리 쇠네만을 만나 약혼을 하나 파혼을 하게 된다. 너무나 많은 시간이 흐른 뒤 1830년 3월 쇠네만의 손녀 폰 퇴르크 하임이 바이마르에 왔을 때 자주 만나지 못하고 떠나보낸 것을 무척 안타까워했다. 그녀를 만나 조용하게 담화를 할 수 있었을 것인데, 그녀의 모습을 통해 릴리 쇠네만을 다시 한 번 느낄 수 있었을텐데 하면서 아쉬워했다. 또한 릴리를 사랑했던 그 시절보다 진정한 행복에 가까이 간 적은 없었고 그녀에 대한 괴테의 애정은 아주 섬세하고 독특했다고 말하기도 했다(프랑크푸르트 시절의 괴테의 자전적 이야기는 『시와 진실』에 상세히 기록해 두고 있다).

이 무렵 괴테는 카를 아우구스트의 초대로 바이마르를 방문하게 된다. 이것을 계기로 바이마르 국정을 보게 되고 재상의 직위에까지 오르게 된다. 이곳 바이마르에서의 생활을 지켜보았고, 괴테가 가진 삶을 간직하고 있는 집, 밖엔 아무런 장식도 없고 평범하고 조용하다. 현관을 들어서자 거대한 저택 목조 계단이 나를 안내했다. 밟을 때마다 흘러나오는 삐걱거리는 소리, 그 소리와 소리 사이로 괴테가 걸어 나올 것만 같았다.

처음 만나는 커다란 공간, 괴테와 그의 부인과 가족들, 주변 인물들의 사진이 즐비했다. 바이마르 생활을 하면서 그는 카를 아우구스트 공, 안나 아말리아(대공의 어머니), 실러, 헤르더, 슈타인 부인 등 무수한 사람과 광범위한 교류를 했다.

그의 부인 크리스티아네 불피우스는 1788년 이태리 여행 후 가까워지게 된다. 1788년 칠월 스물세 살이었던 불피우스가 바이마르에서 활동하던 오빠의 작품을 추천해 줄 것을 부탁하면서 가까워진다. 그녀는 하급 관료의 딸이며 가난했고 인조 꽃을 만드는 공장에서 일을 했다. 평민 출신인 그녀와의 동거 생활은 사람들의 지탄을 받았고 슈타인 부인(당시 바이마르 고위 공직자 부인)은 더욱 그러했다. 불피우스는 남방적 관능과 정열을 느끼게 하는 여성이었다. 괴테와의 지적 교류가 가능했다고 보기는 어려운 여자였고 오랜 동거 생활 후 결혼한다.

또한 샤를로테 폰 슈타인 부인과의 교류는 오랫동안 지속되며(그의 이탈리아 여행 중에도 편지를 주고받았음) 괴테에게 그녀는 어머니, 여동생, 애인을 함께 느끼게 한 여인이었고 불피우스와의 동거 후 소원해졌다. 카를 아우구스트 공의 어머니 안나 아말리아(카를 아우구스트 대공이 괴테를 초대했지만 실상 안나 아말리아의 의도가 더 컸다고 함) 또한 그의 정신적 지지자, 연인(?)의 역할을 했다는 이야기도 있다.

괴테의 집에서 사진으로 볼 수 있는 많은 여인들, 그들은 괴테의 작품을 있게 한 직접 간접의 원인을 제공한 사람들이다. 그 여인들에게 보내진 수많은 시편들도 그렇고 그의 문학적 명성을 떨치게 한『젊은 베르테르의 슬픔』의 경우, 작품과 샤를로테 부프와의 관계 또한 너무나 직접적이지 않은가?

그뿐 아니라 1814년, 라인 마인 지역을 여행할 때 만난 마리아네 폰 빌레머와 주고받은 시편을 싣고 있는『서동시집』의「줄리아카 시편」또한 여인이 시를 쓰게 하는 직접적 원인이 된 예다. 이런 점은 스페인의 화가 피카소와도 유사한 일면을 가지고 있다.

이들 여인들뿐만 아니라 괴테가 가졌던 인간적 교류의 대상이 된 사람은 대단히 많았다. 카를 아우구스트와 카를 알렉산더 왕자(대공의 아들)를 비롯(카를 아우구스트는 괴테보다 나이가 열 살가량 아래였고 함께 한밤중까지 이야기를 나누기도 했고 둘이 나란히 안락의자에 누워 잠이 든 적이 있었다고 함)하여 바이에른 왕과도 아주 가깝게 지냈다. 바이에른 왕과는 자주 서신을 주고받았으며 1828년 유월에는 왕이 자신의 궁정화가 슈틸러를 바이마르로 파견하여 괴테의 초상화를 그리게 하기도 한다.

특히 실러(이웃하여 살면서 작품을 함께 쓰거나 수시로 의논함. 파우스트 대작을 완성하도록 계속해서 격려, 제안하기도 함), 헤르더와는 각별한 사이로 지냈다(헤르더는 괴테의 추천으로 바이마르의 궁정 목사가 됨, 철학자, 문학자, 직관, 신비주의적 신앙 주장). 그 외의 라인 하르트 백작, 마담 쇼펜하우어, 마이어(십 년여를 함께 생활한 화가), 아우구스트 빌헬름 슐레겔…… 로이터른(러시아 출신 근위 장교), 영국인, 미국인, 프랑스인…… 연극배우들까지 셀 수 없이 많은 사람들과 교류했다.

2층 가장 안쪽으로 들어가자 도자기가 가득한 방이 있었다. 벽면 가득 도자기가 부착되어 있어서 도자기 말고는 아무것도 생각할 수 없게 하는 방이었다. 1828년 6월 6일, 에커만(괴테의 저작물 출판 등을 도우며 십여 년 동안 가깝게 지냈다)의 기록이 선명하게 떠올랐다. 괴테의 초상화를 그리러 바이마르의 궁정화가 슈틸러가 괴테의 집에 자주 드나들 때의 도자기 방에 대한 기록이었다.

오늘 낮에 괴테와 식사를 했다…… 나를 식당과 붙어 있는 방으로 데리고 가서 최근에 완성된 슈틸러의 작품을 보여 주었다. 그리고 아주 은밀하게 나를 이끌면서 도자기 방으로 데리고 갔는데…….

도자기 방을 지나 온통 중국식으로 꾸며진 방을 만날 수 있었다. 쇤브룬 궁전(오스트리아의 빈에 있는)의 중국 도자기 방을 연상시켰다. 도자기뿐 아니라 의자, 벽지…… 모든 것이 중국식으로 꾸며져 있었다.

또 다른 방에는 커다란 그랜드 피아노가 있고 독일, 이탈리아 화가들의 그림들이 벽면에 가득 채워져 있었다. 괴테는 이 방에서 가까운 이들과 자주 음악 감상을 했다. 괴테는 어린 시절부터 그의 여동생 코넬리아와 함께 피아노 등 음악 교육을 받았고 그가 열네 살 때 어린 모차르트(일곱 살)의 연주를 직접 보기도 했다. 그의 아버지는 음악뿐 아니라 예술 전반에 대한 교육을 철저히 시켰다(『시와 진실』에 자세한 기록 보임). 당시 귀족들의 생활이 그러했고 그 같은 교육을 받은 괴테가 음악을 즐기고 만찬에서 연주를 듣는 등의 일은 더욱 당연했을 것이다.

괴테의 문학은 음악과 깊은 관계가 있다. 『파우스트』는 슈만, 리스트, 슈베르트 등에 의해 음악화된다. 그의 『에흐몬트』, 『빌헬름 마이스터』, 『젊은 베르테르의 슬픔』 등도 오페라 작곡가들의 관심을 끝없이 받는다. 그뿐 아니라 괴테의 시들은 베토벤, 슈베르트 등에 의해 작곡되기도 했다. 프랑크푸르트 시절, 목사의 딸 브리온에게 줄 사랑의 시 『꽃무늬 리본으로』를 쓴다.

> …………
>
> 미풍아, 이 리본을 날개에 실어
> 내 님의 옷자락에 감아다오.
> 그녀는 마냥 즐거워하겠지
> 거울 앞으로 다가서겠지
>
> 그녀는 장미꽃에 싸여서
> 어린 장미 같은 자신을 보겠지
> 한 번의 눈길 사랑 받는 삶!
> 그것으로 나의 보상은 족하리
> …………

이 시는 베토벤 등에 의해 작곡된다. 그리고 릴리 쇠네만에게 준 <호수 위에서>, (샤를로테 폰 슈타인에게 준) <쉼 없는 사랑>, <나그네의 밤 노래> 등은 슈베르트에 의해 작곡되기도 한다.

나그네의 밤 노래

> 모든 산정상 위에는
> 안식이 있고
> 모든 우듬지 속에선
> 숨결 하나도

느끼기 어렵다.

....

　슈베르트 곡으로 널리 알려진 괴테의 <들장미>는 한국인들도 다아는 노래이기도 하다.

　그랜드 피아노가 있는 커다란 방에는 단체로 온 독일 학생들이 가득 앉아 있었다. 초등학교 저학년으로 보이는 어린아이들을 교육시키기 위해 단체로 온 모양이다. 그들은 진지한 태도로 선생님의 설명을 듣고 있었다. 괴테는 없어도, 그리고 이 방에서 연주를 듣던 사람들은 다들 사라졌어도 그를 찾아 온 국내외의 수많은 사람들이 방안 가득했다.

　그리고 이탈리아에서 온 조각들, 그림들, 특히 그림이 많았다. 괴테는 1786년 9월 3일, 이탈리아로 여행을 떠난다. 새벽 세 시에, 괴테의 생일을 축하하기 위해 칼스바트로 여행을 함께 간 카를 아우구스트 공, 헤르더, 슈타인 부인 등 아무에게도 말하지 않고 몰래 출발한다. 그리고 로마에 도착한 그는 편지를 쓴다.

　이탈리아를 보고 싶은 욕망은 간절했으며 마침내 세계의 중심 로마에 왔다고 쓴다. 또한 "지난 몇 년 동안은 병든 것 같았고 그것을 고칠 수 있는 방법은 오로지 이곳을 내 눈으로 직접 바라보며 이곳에서 지내는 것뿐이다"라고 쓴다. 그리고 로마의 고대 유물도 커다란 기쁨을 주며 평소엔 흥미를 느끼지 못했던 역사, 비문, 동전 등에도 관심이 쏠린다고 했다. 또한 내가 로마 땅을 밟게 된 그날이야말로 나의 제2의 탄생이며, 진정한 삶이 다시 시작된 날이라 생각한다고 쓴다.

　괴테에게 로마 여행은 위대한 학교에의 입학이었다. 그는 신분을 숨기고 로마의 모든 것을 흡수한다. 모든 유적지를 찾아다녔고 동물,

식물, 광물, 지질, 기상학 등에 대한 놀라운 관심을 보였다.

그는 이탈리아 여행 중 그림을 배우기도 했고, 『파우스트』의 부분적 쓰기를 하거나 『에흐몬트』를 탈고하는 등 엄청난 양의 공부와 창작을 한다. 『파우스트』에서 읽을 수 있는 그의 말, "인간은 노력하는 한 방황하게 마련이다"를 생각하게 하는 여행이었다. 그의 이 같은 여행은 헤르더, 슈타인 부인 등에게 편지로 전해지고 일기로 쓰인다. 이들은 『이탈리아 여행』이란 자서전적 책으로 발간된다.

로마를 떠나기 전 콜로세움을 보며 한 줄기의 전율 속에 귀가의 재촉을 느낀다. 그리고 "위대한 것은 모두 숭고하고 단순하다는 느낌과 동시에 독특한 인상을 풍긴다"라고 말한다. 이렇게 그의 이탈리아 여행은 끝나고 많은 수집품들이 그를 따라왔다. 그러나 그가 가져온 그 어떤 물건들보다 더 귀한 것은 정신적 세계의 고양이었을 것이다.

아래층은 가족들과 지냈던 방들이 있었다. 침실, 서재 등 개인 생활공간이었다. 괴테는 이 집에서 만년까지 아들, 며느리, 손자들과 같이 생활했으며, 식당이 아닌 서재에서도 가끔 담소를 나누고 가까운 사람들과 식사를 하기도 했다. 서재의 한쪽 공간에는 많은 화석, 광물들이 쌓여 있었다. 에커만은(1828년 9월 26일) "괴테는 나에게 다량으로 모아 놓은 화석 수집품을 보여 주었는데 그것들은 그의 집 정원과 가까운 곳에 있는 텅 빈 정자 안에 보관되어 있었다…… 특히 눈에 띄는 것은 바이마르 인근 지방에서 발견된 뼈 화석을 수집해 놓은 것이었다"라고 기록하고 있다. 괴테와 너무나 가깝게 지낸 카를 아우구스트 대공도 물리학, 천문학, 지질학, 기상학, 태고 세계의 식물, 동물의 행태 등의 모든 분야에 이해력과 흥미를 가지고 있었다고 괴테는 회고하고 있다.

계단을 내려와 정원으로 나왔다. 온갖 꽃들이 가득한 정원, 괴테는 날씨가 좋은 날엔 가끔 정원에 나와 식사를 하기도 했다. 정원을 나와 우물이 있는 쪽으로 갔다. 푸른 이끼 속에서 아직도 물을 담고 있는 우물, 식수로의 일은 벌써 끝냈고 떨어지는 물방울이 하나씩 내려와 괴테적 옛날을 연주하고 있는 악기가 되어 있었다. 물로 연주하는 옛날의 소리, 옛날을 연주하는 악기 같은 샘물이 푸르게 찰랑거리고 있었다.

몇 걸음 걸어가다 괴테의 마차를 만났다. 내 키를 훨씬 넘는 거대한 마차, 왼쪽 의자 옆엔 등도 하나 달려 있었다. 바퀴에선 힘치게 구르는 소리가 들려오는 듯했다. 이탈리아를 다녀오고, 드라이브도 하곤 했던 모습이 오래된 풍경화처럼 보이는 듯했다……

식사 전에 괴테와 함께 에르푸르트로 가는 거리를 따라 마차를 타

▲ 괴테의 마차

고 잠시 드라이브를 했다. 라이프치히 대목 시장을 향해 가고 있는 여러 종류의 짐 마차를 만났다…….

아래쪽 공원(괴테의 집에서 나와 일름 강을 건너 저지대에 있는 아름다운 공원, 괴테의 가든 하우스로 가는 길에 있다)으로 마차를 몰았다. 고요하고 포근한 저녁이었으나 좀 무더운 편이었고…… 괴테는 여기저기 시선을 던지면서 구름을 쳐다보기도 하고…… “저녁에는 한 줄기, 소나기가 쏟아질 테지” 하고 괴테가 말했다. “그러면 우리는 찬란하고 풍요로운 봄을 또다시 맞이하는 거네”

괴테는 오늘 아침 나를 데리고 에테르스부르크(바이마르 북서쪽의 고산지대)의 서쪽 호텔 슈테트(에테르스부르크 조망 지점)로 마차 드라이브를 했다.

괴테가 내게 말하기를, 오늘 식사 전에 벨베데레 궁(일름 공원 쪽으로 가는 바이마르의 궁전)에 마차를 타고 가서 쿠드레가 궁전 안에 새로 만든 계단을 직접 보고 왔는데 아주 잘 만들어졌다는 것이었다.

……마차에서 괴테와 그의 충실한 조력자 에커만의 이 같은 이야기가 들려오는 듯했다. 괴테 박물관(괴테와 관련한 방대한 수집품들이 가득했다. 찬찬히 보려면 하루 종일이 필요할 듯했다)을 나왔다. 거리에 가득한 인파들, 레스토랑마다 즐겁게 담소하며 식사하고 있는 사람들, 행복에 사로잡힌 사람들은 누구에게서 받은 것인지도 모를 신성한 하루를 금화처럼 빛나게 쓰고 있었다.

바이마르는 정신의 성소, 여기 온 후 마음은 행복하게 바쁘다. 지적(知的) 궁금증을 풀어 줄 방들을 열어 줄 열쇠 꾸러미를 손에 가득 잡고 있는 것 같다. 어제 본, 괴테의 정신을 둘러싸고 있던 부속품, 장식품 같은 가구, 도자기, 옷, 그림, 조각, 광석들, 화석들, 사람들…… 그들은 말이 없었지만, 밤새 나는 꿈속에서도 그들의 말을 들었다. 물건들도 사람들처럼 누구와 가까이 있으면 그와 닮아가는 것은 아닐까?

향기를 가진 푸른 빛의 공기가 아침 문을 열어 놓고 있었다. 서둘러 호텔 식당으로 갔다. 모르는 사람들이 모여 한 식구처럼 식사하고 있는 풍경을 보는 것은 언제나 즐겁다. 나노 창가 자리에 앉았다. 다들 폭신한 여행의 방석을 깔고 앉아 식사를 하며 담소를 하고 있다. 일상을 멀리 벗어 던지고 온, 맨몸 같은 자유에 시리얼과 치즈와 오믈렛을 섞어 먹고 있었다.

그리고 어제 호텔로 오던 길을 익숙하게 걸어 나갔다. 이름 모를 꽃, 늦잠을 자고 있는지 활짝 피었던 꽃잎을 아직 닫고 있었다. 어제 본 마차(괴테가 자주 타고 드라이브하던)가 내 마음속을 느릿느릿 지나가고 있었다. 오늘은 괴테의 마차가 자주 다녔던 일름 강을 넘어 그의 가든 하우스를 간다. 가끔 지나다니는 1번 버스가 몇 명의 사람들을 태우고 느리게 떠난다. 여기 사는 사람들은 아무도 바쁘지 않아 보인다.

이십 분쯤을 걸었을 때, 도시가 다 사라져 버렸다. 눈앞에 생글거리며 초록, 핑크, 빨강으로 웃고 있는 나무와 꽃들, 도시보다 낮게 앉아 있었다. 숲은 게으른 포도주처럼 느리게 마음을 취하게 하고 걸음도 취했는지 느릿느릿 걷는다. 가끔 아침 운동하는 사람들이 뛰고 걷고 있었지만 슬로비디오처럼 보인다. 뛰는 속도가 숲의 고요에 다 스미기 때문일까? 텅 빈 내 마음을 명상이 다 차지하고는 벌써 주인 행세를 한다. 발이 나를 따르지 않고 내가 발을 따라가야 할 것 같은 숲을 따라가자 작은 강의 가는 허리가 보였다. 부지런한 악사는 강가에 나와 화려한 바이올린 선율을 꺼내고 드넓은 평원으로 날려 보내고 있었다. 바이올린 소리는 날아가는 작은 새와 함께 날다가 새들 노래와 섞여 실내악처럼 들판을 연주하고 있었다. 음악이 다시 들이라는 악기를 연주하고 있었다.

저기 멀리 셰익스피어 석상이 명상하듯 서 있었다. 괴테도 스위스의 산맥 같다고 했던 셰익스피어의 석상이 평원을 멀리 내다보고 있었다. 평원의 한쪽, 발길 따라가고 싶은 곳으로 갈 때 우연히 만난 보랏빛 꽃무리, 그들은 왜 거기 와 그토록 모여 살고 있었나? 우리가 모르는 선사시대 부족처럼 땅을 지키고 있는 꽃의 방패 같았다.

인정 많은 시골 아주머니처럼 들은 스스로 만든 온갖 볼거리를 끝없이 꺼내 보여 주었다. 몸과 마음에 달라붙었던 피로와 고독과 고뇌와 갈등 따위들이 하나 둘씩 나에게서 빠져나와 스스로 들판을 향해 걸어 나가고 있었다.

들판 한쪽 끝, 큰 키의 풀들이 어울려 바람에 흔들리고 들꽃들이 예쁜 얼굴을 내밀고 있는 곳, 낮은 언덕 위, 작은 집 하나가 보였다. 괴테의 정원 집이었다. 단단한 외양, 비둘기 빛 지붕을 이고 있는 집, 괴테는 여기 와 쉬기도 하고 집필도 했다. 어제 산책에서는 괴테가 여기서 『빌헬름 마이스터의 수업시대』를 집필했다고 했다.

에커만 씨는 "1827년 5월 15일 화요일, 괴테는 며칠 전부터 그의 집 정원에 와 있다. 그는 조용히 일하며 아주 만족해하고 있는 중이다. 나는 오늘 폰 홀타이 씨 그리고 슐렌베르크 백작과 함께 그곳으로 괴테를 찾아 갔다"라고 말했었다.

아직 이른 시간인 아침 아홉 시 오십 분, 열 시부터 여는 정원 집은 신비로운 아침 속에서 야무지게 입을 다물고 있었다. 흰색 작은 문을 지나 몇 개의 계단을 오르자 바로 집에 닿을 수 있었다. 집 옆으로 난 산책로를 따라 꽃과 나무들이 가득 살고 있었다. 작은 집에 커다란 정원, 달팽이들도 아침 산책을 하나 보다. 여유로운 몸짓으로 땅 위를 흐르듯 움직이고 있었다. 로버트 브라우닝의 시 <아침 일곱 시(at seven o'clock)>가 생각났다.

길 따라 걷자 꽃들도 나를 따라 오고 싶은 듯 꽃잎을 팔랑이며 날갯짓했다. 옆으로 길게 뻗은 길 끝, 커다란 고목 한 그루가 거의 누워서 살고 있었다. 성자처럼 대단한 풍모의 나무였다. 살짝 흔들어 만져 보았지만 반응이 없었다. 명상하고 있는 성인의 모습처럼 보였다. 이

숲의 주인인 듯 어떤 유혹에도 끄떡없이 보였다. 야트막하고 비스듬한 언덕이 천천히 걷는 생각의 쉼표들처럼 보였다. 심산에 온 듯 깊어지는 숲이 상쾌한 휴식을 안겨 주었다.

벌써 열 시가 한참 지났다. 3.5유로, 입장료를 내고 들어갔다. 아래층엔 식사를 위한 간소한 물건들이 있었다. 이어지는 공간을 따라 2층으로 오르자 침실들이 보였다. 그리고 집필실, 그림들이 있었다. 괴테의 두상이 입구에서 지키고 있는 공간은, 안으로 침잠하여 내면의 힘에 사로잡히기 더없이 좋은 곳이었다.

창문을 통해 조금 전 통과해 온 들을 바라보았다. 괴테도, 집필의 사이사이로 난 시간의 틈을 열고 피는 꽃과 지는 낙엽, 흔들리는 바람 그리고 새들이 몰고 가는, 번뜩이며 사라져 가는 순간의 몸뚱어리들을 바라보았을 것이다.

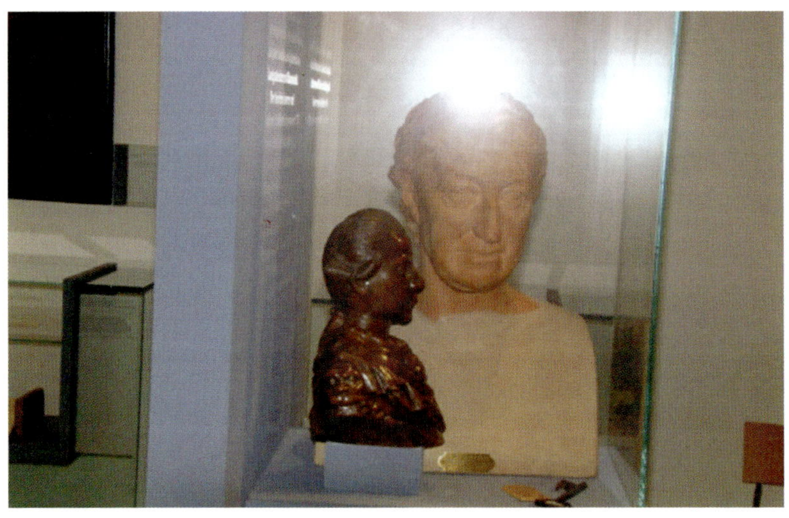

▲ 괴테의 두상

괴테가 그린 여동생의 잠자는 모습 그림이 재미있다. 여동생 코넬리아는 그림 속에서 아직도 잠들어 있다. 구멍 뚫린 시간의 주머니처럼 살다가 사라져버리는 사람들, 끝도 없는 밤에 누워 코넬리아는 지금도 깊이 잠들어 있다.

독백이 혼자 독백하고

실러

괴테의 집에서 5분 정도 거리에 실러의 집이 있었다. 큰길에 접해 있어 다소 시끄럽고 항상 사람들이 북적거리는 곳이었다. 많은 사람들이 모여 떠들썩한 거리를 뒤로하고 계단 몇 개를 내려가자 실러 기념관이 있었다. 거기서 셰익스피어 세미나를 개최하고 있었다.

괴테의 정원 집엘 갈 때도 셰익스피어 석상을 보았는데 다시 한 번 그에 대한 이곳 사람들의 높은 관심도를 확인하게 했다. 바이마르 문화 부흥에 커다란 역할을 했던 안나 아말리아(카를 아우구스트 공의 어머니)의 지시에 의해 셰익스피어 작품이 처음 번역되었고 이는 그 후 이곳 사람들의 사랑을 지속적으로 받아왔다(바이마르에 독일 셰익스피어 본부가 있다).

▲ 실러의 집

▲ 실러 기념관

바이마르를 찾는 관광객들 대부분은 괴테의 집을 찾고 그다음으로 관광객의 가장 많은 관심을 받고 있는 것은 실러의 집이다. 실러와 괴테는 바이마르를 대표하는 인물이기 때문이다. 실러가 칼 고등학교의 학생 신분일 때(1779년) 괴테를 처음 만나게 된다. 실러를 예나대학 역사학 교수직에 추천하는 등 도움을 주기도 했지만(1789년 교수가 됨), 괴테는 실러를 아직 문학적 성숙도가 낮은 사람으로 생각한다. 실러는 괴테와의 친교를 위해 편지를 계속 쓰는 등 노력하지만, 처음엔 쉽지 않았다. 이에 실러는 가까운 친구들에게 괴테에 대한 불만을 이야기하기도 한다.

1794년 7월 20일, 자연과학학회 명예회원으로 학회에 참석했던 괴테와 실러는 학회가 끝나고 실러의 집에 들러 서로를 잘 알 수 있게 하는 충분한 이야기를 나누게 된다. 그 후 자주 만나 예술, 문학에 대해 많은 대화를 나눈다. 그리고 괴테의 초대로 실러가 괴테의 집에서 보름 가까이(1794년 9월 14~27일까지) 함께 생활하기도 하며 둘은 더욱 가까워진다. 또한 『파우스트』를 완성할 것을 촉구하는 등 서로 격려 어린 우정을 나눈다. 실러의 권유에 의해 『파우스트』 1부가 완성되고 대작으로 쓰이게 된 것은 세계 문학 사상 중요한 의미를 가진다. 그리고 잡지 『호렌』의 창간을 위한 협력으로 그들의 우정은 더욱 깊어갔다.

괴테는 1805년 5월 실러가 죽자(46세) 그의 죽음을 애도하며 내 존재의 절반을 잃은 것 같다고 했다. 한국에도 널리 알려진 실러의 작품, 『빌헬름 텔』을 완성하고 『데메트리우스』를 집필하던 중 고열 발작을 자주 겪는다. 같은 시기에 괴테도 신장병을 앓았으며 괴테는 병중에도 줄곧 실러를 걱정했다. 실러는 끝내 회복하지 못한다. 이에 괴테는 미완성작을 대신 완성해 주고자 했으나 끝내 이루지 못했다. 괴테는

1804년 말 실러에게 연하장을 쓸 때 신년을 맞으라고 써야 할 것을 두 번이나 반복해서 마지막 해를 맞으라고 무의식중 잘못 썼다고 한다. 사람들은 이것이 실러의 죽음에 대한 어떤 징후 현상이 아니었을까 하고 얘기하기도 한다. 실러의 이른 떠남으로 둘의 우정은 아쉽게 오래 지속되지 못하고 끝난다. 괴테는 너무나 아쉬워했고 실러를 위대한 예술가로 평가했다. 그들은 떠났어도 바이마르를 빛낸 최고의 인물들 괴테와 실러를 사랑하는 바이마르인들은 둘의 다정스런 석상을 도시 한가운데 나란히 세워 두고 그들의 업적을 기리고 있다.

실러의 집은 정원은 없었고 계단을 오르자 바로 거실로 들어갈 수 있었다. 1802년 실러는 이 집을 구입했고 생의 끝까지(1805년) 여기서 살았다. 아내 샤를로테 실러가 세상을 떠나자(1826년) 이 집은 다른

▲ 실러와 괴테의 동상

이의 소유가 되었다가 바이마르 시가 구입하여(1847년) 기념관 건립을 했다. 관람객 수가 그리 많은 편은 아니었지만 정말로 실러를 좋아하고 그의 예술을 아끼는 사람들이 찾아오는 듯했다.

실러의 집에서 만났던 독일인 내외도 실러를 무척 좋아하며 그가 살았던 곳을 직접 보기 위해 여섯 시간 이상 운전해서 왔다고 했다. 실러의 집은 평범한 가정집으로 보였다. 식사를 위한 공간엔 도자기, 그림, 커피포트, 유리그릇들이 전시되어 있었다. 거실엔 소박한 가구들, 그리고 부인 등의 가족사진이 있었다.

그리고 안나 아말리아의 사진도 있었다. 거실 끝에서 아내 샤를로테가 수놓은 액자를 만날 수 있었다. 루돌슈타트의 폰 렝에펠트 카롤리네와 샤를로테, 두 자매의 애정을 한몸에 받던 실러는 동생 샤를로테를 선택하여 결혼한다. 언니보다 여성스럽고 섬세한 로테를 선택한 것은 오랜 방랑을 겪은 그가 안정된 결혼 생활을 원했기 때문인지도 모를 일이다.

로테는 경제적으로 어려운 생활을 하면서도 불평하지 않았고 언제나 조용하고 차분하며 겸손한 성격이었다. 두 아들과 두 딸을 기르던 침실 옆에는 종이로 만든 장난감이 놓여 있었다. 이는 아이들을 위해 집에서 만들어 준 것이라 했다. 한쪽에는 주사위 비슷한 놀이 기구가 놓여 있었다. 안내원은 놀이를 해 보이며 나에게도 직접 해 볼 것을 권했다. 우리나라의 윷놀이와 비슷했다. 주사위를 던져 나오는 숫자에 따라 놀이판 위의 윷말 비슷한 것을 움직여 가며 노는 놀이 기구였다. 그것은 실러와 아내, 로테, 그리고 아이들의 단란했던 생활을 떠올리게 했다. 종이로 만든 장난감과 주사위와 윷놀이를 닮은 놀이판, 수예품, 그들은 모두 이곳 실러의 집에서 가족들이 어떻게 살았는지를 잘 보여 주는 표징들이었다. 그들은 가정에 담을 수 있는 행복을 싣고 실러의 가족들이 타고 간 생활의 바퀴 자국 같았다.

그리고 일상을 데리고 가다가 놓고 나온 행복의 여운 같았다. 종과 함께 있다가 치는 순간 종 밖으로 풀려 나오는 소리의 오랜 여운 같이 가늘고 길게 마음에 와 들리는 행복의 소리로 오래도록 맴돌았다. 그리고 그들은 시간의 낡은 몸집 뒤에 숨었던 마술 같은 생의 한가운데를 하나씩 살려내고 있었고 세상 밖으로 멀리 나갔던 그들의 삶이 귀향하듯 오래도록 텅 비어 있던 공간에 돌아와 서로 기쁘게 만나는 듯했다. 실러와 아내, 그리고 아이들이 쓰던 실러의 집엔 수많은 시간이 지난 지금 이 순간까지도 가정의 따스한 온기가 가득한 듯했다.

실러의 아내뿐 아니라 실러도 무척 가정적이었다. 아이들과 사자와 개 놀이를 하기도 하며 함께 놀아 주는 자상한 아버지였다. 실러는 괴테와 가까이 지내면서, 그의 훌륭한 인간성을 칭송하면서도 서민 출신인 풀피우스와의 오랜 동거생활을 유감스럽게 생각했고 괴테가 가정의 행복에 대해 잘못 생각하고 있다고 말하기도 했다. 실러는 로테와의 결혼 이후 행복한 생활 속에서 작품에 온 힘을 다했던 작가였다.

실러는 괴테처럼 높은 사회적 지위를 가지거나 경제적 여유를 가지지 못했다. 생활을 위해 글을 써야만 했고 때로는 하루 열네 시간이나 글을 쓰기도 했다. 서재의 창가에 놓인 평범한 모양의 책상, 그리고 펜은 여기서 쓰인 『빌헬름 텔』 등의 명저들을 위한 소박한 도구였다. 여기엔 실러의 초상화가 걸려 있었다(안톤 그라프의 그림, 1791). 인접한 작은 객실에서 실러는 바이마르의 배우들과 연극 공연을 위한 작업을 하기도 했다.

실러는 뷔르템베르크의 마르바하에서 가난한 군의관 아들로 태어난다(1759. 11. 10). 그는 영주 칼 오이겐 공의 명령으로 법학을 공부한다. 그러나 문학에 관심이 높았던 그는 셰익스피어, 괴테 등을 애독했고 루소의 사상서를 탐독한다.

자신이 원하지 않는 법학을 공부하면서 계속 회의를 느꼈고 영주의 허락을 얻어 겨우 의학으로 전공을 바꾸지만 불만으로 가득한 생활을 한다. 군의관이 된 실러는 『도둑들』을 출판하고 일약 유명 작가로의 명성을 얻게 된다. 또한 전국 대도시에서 공연되어 대성황을 이룬다. 『도둑들』은 영주 오이겐 공을 비판하는 내용과 당시의 사회악, 사회적 억압 등을 지적하는 내용을 담고 있었다. 이에 오이겐 공은 작품을 쓸 수 없도록 명령했고 실러는 공국을 탈출하여 (체포당하지 않으려고) 거처를 옮기며 가난한 떠돌이 작가 생활을 한다.

그리고 『피에스코의 모반』, 『계교와 사랑』이 베르디에 의해 오페라화 되기도 했고 인류애의 대표적 고전극으로 일컬어지는 『돈 카를로스』를 쓴다. 그러나 가난에 찌들고 말라리아에 걸리는 등의 질병에 시달린다. 그러던 중, 폰 칼프 대령의 아내, 샤를로테 쾨르너 등의 도움을 받는다. 이 무렵 베토벤에 의해 작곡되어 전 세계인의 사랑을 받고 있는 <환희에 붙이는 노래(1785)>, <그리스의 제신(1788)> 등의 시를 쓴다. <환희에 붙이는 노래(1785)>는 인간애, 동료애, 사랑, 환희, 평화를 노래하며, 이는 당시 전 독일 청년의 애송시가 된다.

결혼(1790년) 후 실러는 『30년 전쟁사』를 쓰고 예나 대학 강의를 하는 등 과로로 건강이 극도로 나빠져서 결국 교수직을 그만둔다. 다행히 덴마크의 황태자를 중심으로 한 후원회의 도움을 받고 역저를 쓸 수 있게 된다. 그리고 칸트 철학 연구를 통해 예술의 가치판단 근거를 탐구했고 「소박과 감상의 문학」 등의 논문을 쓴다. 그리고 『발

렌슈타인』을 출간하고 공연의 대성공을 거두며(1800년) 괴테도 이의 예술적 가치를 극찬한다.

또한 잔 다르크 이야기를 작품화한 『오를레앙의 처녀(1801년)』는 공연 후 관객들로부터 놀라운 환호를 받고 대성황을 거둔다. 그가 쓴 희곡 중 마지막 완성작인 『빌헬름 텔』(1804년 완성)은 스위스 전설을 바탕으로 쓴 작품이며 그의 작품 중 가장 많이 읽히는 작품이기도 하다. 실러는 1799년 12월 3일에 이곳 바이마르로 이사 온 후 미완성작,

▲ 실러의 침대

123

『데메트리우스』를 쓰던 생의 끝까지 괴테와 교류하며 독일 고전주의 문학의 드높은 탑을 쌓아 올렸다.

　서재를 지나 작은 침실에 실러의 침대가 놓여 있었다. 회색과 푸른 빛이 섞인 작은 침대였다. 실러는 이 침대에 누워 생을 마감했다. 그는 생명의 불이 꺼져 가면서도 『데메트리우스』의 내용들을 헛소리로 독백했다. 그리고 최후의 병상에 놓인 탁자에는 실러가 써 놓은 『데메트리우스』에 넣을 독백이 혼자 독백하고 있었다. 1805년 5월 9일 아름다운 봄날에……

위대한 정오

홈볼트 거리(괴테의 집이 있는 맞은편 쪽) 삼십육 번지, 니체의 집을 찾아간다. 거리 입구에 체리를 파는 삼십여 세쯤의 여자를 보았을 뿐 아무도 만나지 못했다. 길은 한산하고 고적하기까지 했다. 가끔 6번 버스가 사람들 몇 명을 태우고 지나가는 곳, 올라가는 길 중간 지점쯤에서 니체의 집을 만났다. 주택가에 섞여 있는 평범한 집이었다. 기다리는 관람객도 없고 출입구는 아직 닫혀 있다.

니체의 집 옆에 (집이 들여다보이는) 작은 언덕이 있었다. 이름 모를 꽃들이 피어 있는 곳 거기 앉아 관람 시간이 오길 기다릴 수밖에 없었다. 담 너머로 보이는 집은 고요했다. 정원 맨 앞에 후박나무 닮은 키 큰 나무가 혼자 바람을 다 맞이하고 있었다. 썰렁한 느낌이 담 너머로 흘러나왔다.

외로운 철학적 싸움을 하며 방랑생활을 했던 니체가 지상에서 마지막 거처했던 집이 지금 내 앞에 있다. 언제부터인지 명확하지는 않으나 니체의 철학서를 비교적 가깝게 느끼면서 읽어 왔었다. 그리고 졸저 『현대시의 기호학』한국학술정보(주)에 수록한 「陸史 시와 니체 철학의 비교 분석」을 쓰면서 다시 한 번 정독하게 되었다. 『자라투스트라는 이렇게 말했다』는 철학적 문학서로의 느낌을 가지고 내게 가까이 다가온 책이었다. 그의 철학서 상당수들은 시와 아포리즘이 사상과 하나로 융합된 것들이었다. 나는 그런 글들을 읽으면서 철학보다 문학적 느낌을 더 가까이 느껴왔다.

내가 니체의 집을 찾은 이유는 무엇일까. 물론 우리 시대에 가장 큰 영향을 미치고 있는 철학자로의 니체를 가까이 느끼고 싶어서이기도 할 것이다. 그러나 더 중요한 이유는 그의 시에 대한 끌림 때문이다. 니체는 열두 살 즈음엔 작사를 했다. 그리고 열네 살 때 프포르타(pforta) 학교에 입학했고 고전적 고양뿐 아니라 문학(음악, 철학, 종교에 대한 관심과 함께)에 대한 많은 관심을 보인다. 독일 문학과 고전어를 공부했으며 문학과 음악을 위한 서클 『게르마니아』를 만든다. 여기에 시, 수필 등을 발표한다. 아울러 셰익스피어, 실러, 횔덜린 등을 탐독했다. 그리고 그는 시 <미지의 신에게>를 쓴다(1864년, 20세).

미지의 신에게

내가 더 나아가기 전에,
그리고 내 시선을 앞으로 보내기 전에,
한 번 더 나는 외로이 내 두 손을
당신에게로 올린다오, 당신에게로 달아나고,
가슴 깊숙이에서 나는 당신에게
제단을 차려 올림으로써,
언제나

당신 목소리가 나를 부릅니다.

그 위에 깊이 새겨진 말이 불타오르고 있소.
미지의 신이라는
독신자 무리 속에 있다 해도 나는 그의 것.
또 지금까지 머물고 있다 하더라도
나는 그의 것－나는 나를 싸움으로,
끌고 내려가는 덫을 느낀다오.
그의 일을 섬기도록,
당신에게로 달아날지도 모릅니다.

나는 당신을 알고 싶소, 미지의 신이여.
내 영혼을 깊이 사로잡은 당신,
내 삶은 폭풍처럼 떠도는 것,
그대 붙잡을 수 없는 자, 나와 친한 자여!
나는 당신을 알고 싶소, 당신을 섬기고 싶습니다.

‘외로이 두 손을 올리고, 당신에게로 달아나고, 제단을 차려 올리고, 언제나 당신 목소리가 나를 부른다’ 내 영혼을 사로잡는다고 한 신(神)은 과연 어떤 신일까? ‘그 위에 깊이 새겨진 말이 불타오르고 있다’의 말은 어떤 말일까? 니체의 말들, 특히『자라투스트라는 이렇게 말했다』,『이 사람을 보라』등의 언어들은 작열하는 듯한 말이다. 그림으로 말한다면 고흐의 그림들 같기도 하다. 번득이는 지혜와 상징, 절규 같은 거침없는 말 쓰기는 쏟아지는 영감을 신에게서 받아쓰기한 듯하다. 또한 ‘미지의 신이라는 독신자(讀神者) 무리 속에 있다 해도 나는 그의 것’, ‘나는 나를 싸움으로 끌고 가는 덫을 느낀다오’, ‘내 삶은 폭풍처럼 떠도는 것’이라 했다. 독신자 무리 속에 있게 하고 싸움으로 끌고 가고 덫을 느끼게 하는 신은 어떤 신일까? 그리고 붙잡을 수 없는 친한 자 당신을 섬기고 싶다고 했다. 싸움으로 끌고 가고 덫을 느끼게 하는 신은 당시 유럽인들이 믿고 있는 형태의 신과 다른 형태의 것이다. 그러므로 그는 싸워야 하고 덫을 느껴야 한다.

니체는 1881년 7월부터 3개월 정도 실스 마리아에서 쉰다. 실버 플라나 호반 숲을 산책하다가(8월) 영겁회귀(永劫回歸) 사상이 갑자기 그를 덮치는 것을 체험한다. '인생은 있는 그대로의 모습에 있어서 의미도 없고 목표도 없고 무(無)에의 종곡음도 없이 불가피하게 회귀(回歸)한다. 무의 영원!, 이 체험은 강렬한 확실성에 환희의 눈물을 흘리고 전율을 하게 하는 것이었다.

니체 사상의 핵심이라고 일컬어지는『자라투스트라는 이렇게 말했다』의 1부는 1883년 2월 3일부터 13일까지 단 열흘 동안에 완성된다. 2부, 3부(니스에서 씀)도 그는 강력한 영감을 받아썼다. 그는 옛날 강력한 시대의 시인들이 영감이라고 불렀던 상태에서 썼다고 한다. 단순한 매체로의 느낌으로 그저 받아들일 뿐인, 최고조의 자유 의지를 떠나서 거룩함의 폭풍 속에 서 있듯이 일어난 영감의 경험 상태에서 쓰인 것이다. 그는 제노바 근처 라팔로의 고요한 바닷가를 산책하곤 했던 그 무렵 산책길에서 1부 전체가 마음에 떠올랐고 더욱 정확히 말하면, 그(자라투스트라)가 나를 덮친 것이라고 표현했다.『이 사람을 보라』에서 이를 18개월 전 실버 플라나 호반에서의 체험으로 수태된 것이 분만된 것이라 했다. 전편을 꿰뚫어 흐르는 것은 시적 영감, 시적 상징의 언어들이다. 여기에 철학적 사유가 융합된 글이다.

1883년(39세)에 1~3부가 출간되고 1885년 4부가 출간된다. 4부에서, "이제 신은 죽었다! 이 신은 그대들의 희대의 위험이었다…… 비로소 위대한 정오(인류 최고의 성찰의 순간)가 다가온다……. 이제야 비로소 보다 높은 인간이 주인이며 지배자가 되는 것이다!…… 이제 (우리는) 원한다. 초인이 살게 되기를"이라 쓴다. 거의 이십 년 가까운 시간의 간격을 가지고 쓰인 「미지의 신에게」와 『자라투스트라는 이렇게 말했다』를 읽는 것은 특별한 생각을 하게 한다.

스무 살에 쓴 「미지의 세계」가 예고편처럼 읽힌다. 『자라투스트라는 이렇게 말했다』는 그의 이름을 빌려 니체가 하는 말이라고 했고 자라투스트라는 시인이라 한다. 니체는 스스로를 자주 시인이라 한다. 그리고 『자라투스트라는 이렇게 말했디』 2부에서는 「시인들에 대하여」의 항목을 두어 "시인들 중에서 자기가 만든 포도주에 불순물을 타지 않은 자가 있겠는가? …… 나는 이에 시인들이 변질한 것을 보아 왔다" 등의 말을 하기도 한다.

『자라투스트라는 이렇게 말했다』의 산문시적 문장 속에서 운문적 시편들을 만날 수 있다. 그중, 4부의 늙은 마술사가 하프에 실어 읽는 시도 시인에 대한 것이다.

> 대기가 맑아질 때
> 위안자인 이슬이
> 모든 온화한 위안자들처럼
> 부드러운 신을 신고 있는 까닭에-
> 보이지도 않고 들리지도 않게
> 이슬의 위안이
> 대지 위에 내릴 때
> 그때 그대는 기억하는가
> 뜨거운 가슴이여,

......

"진리를 구하는 자라고? 그대가?"

아니다 그대는 시인일 뿐이다!

거짓말을 해야 하는,

알면서도 짐짓 거짓말을 해야 하는,

......

아니다 그대는 바보일 뿐이다.

......

거짓 하늘과 거짓 대지 사이의

아름다운 무지개 위를

이리저리 헤매며 방황하는

바보일 (뿐)이다. 시인일 (뿐)이다!

......

　　(마술사의 노래 중에서)

『비극의 탄생』에서 읽을 수 있는 디오니소스적인 시인을 구가하는 내용과 그가 쓰는 스타일 자체도 거침없는 디오니소스적 시다. 마술사의 탄식. 방랑자인 그림자의 노래 등 이 같은 시 형식은 계속된다.

아직도 나를 따뜻하게 해 주는 자는 누구인가, 아직도 나를 사랑하는 자는?

뜨거운 손을 다오!

가슴을 녹일 화로를 다오!

사지를 떨며 뻗은 채 두려움에 떨며

......

아! 알 수 없는 열병으로 떨면서,

날카롭고 차디찬 서릿발의 화살을 맞아 떨면서,

너에게 쫓겨났다. 나의 사상이여!

……
구름에 숨은 사냥꾼이여……
……

　　<마술사의 탄식> 중에서

사막은 성장한다. 사막을 숨기는 자에게 있으라!
아 장엄함이여!
위엄 있는 시작이여!
아프리카 품의 장엄함이여!
사자에게 어울리는
혹은 도덕적인 원숭이에게 어울리는 장엄함이여!
……

　　　　<그림자의 노래> 중에서

『이 사람을 보라』(1888)에서 니체는 '서정 시인의 최고 개념을 나에게 심어 준 사람은 하인리히 하이네이다. 수천 년 내의 모든 나라들에서 이와 같이 감미롭고 정열적인 음악을 찾아봐도 헛수고였다. 나는 인간이나 종족의 가치에 대해, 어떻게 그들이 신을 사티로스와 필연적으로 결부시켜 필연적으로 이해하고 있는가를 생각한다……. 언젠가는 사람들은 하이네와 내가 독일어에 있어서 뛰어난 예술가였으며 그 방면의 독일인이 독일어로 성취한 모든 것과는 무한한 거리가 있다고 할 것이다'라고 했다. 그는 이 글에서 음악을 대신하는 다른 말을 구한다고 하면 나는 언제나 오직 베니스라는 말밖에 찾아내지 못한다……. '나는 행복을, 남국을, 공포의 감정 없이 생각할 수가 없다'에 이어 시 한 편을 쓰기도 한다.

충충한 다갈색의 이슬이 내려
다리 옆에 잠시 멈춰서 본다.
멀리서 노랫소리는 다가오고
황금빛 무늬가 수면에 솟아
부르르 떨면서 퍼져 나간다.
곤돌라여, 등불이여, 음악이여!
어둠을 가르고 도취는 멀어져 가네.

내 영혼의 깊숙한 곳의 거문고 줄에
눈에 보이지 않는 손이 닿아서
살그머니 곤돌라 노래를 타네.
믿을 수 없는 행복에 떨면서
귀 기울이는 사람은 과연 누구뇨?

니체의 글들은 언제나 시적 상징과 철학이 함께 있어 독자에게는 그의 시도 어렵고 그의 철학도 어렵다. 하인리히 폰 슈타인이 『자라투스트라는 이렇게 말했다』를 한 마디도 이해하지 못했다고 솔직히 호소할 때 니체는 그것이 당연하다고 했다.

극단의 예는 '스위스의 『분트』지에서 칼스피텔러 씨가 『자라투스트라는 이렇게 말했다』를 수준 높은 문체 연습용 저서로 취급할 것이며, 이후로는 내용에도 마음을 써 달라고 요청했다'라고 니체는 쓰고 있다.

그의 역저에 대해 독일인들은 난폭으로 표현될 수 있는 침묵에 부쳐지고 있었다. 아무도 옹호하지 않았다. 친구들도 마찬가지였다. 다만 러시아인, 스칸디나비아인, 프랑스인들은 관심을 보였고 덴마크의 게오르그 브란데스가 니체 철학에 대한 강의를 해 주었다.

몇 사람의 예술가, 무엇보다도 리하르트 바그너와의 교제를 별도로 한다면(초창기의 만남에서는 찬사와 숭앙을 보냄), 나는 독일인과 유쾌한 때를 보낸 기억이 없다고 했다. 그러나 니체는 '이러한 모든 일에 고뇌하지 않는다. 필연적인 것은 나에게 상처를 주지 않는다. 운명에의 사랑은 나의 인간성 가장 깊은 곳의 천성이다. 그것은 내가 반어(反語)를 사랑하는 것, 세계사적 반어까지도 사랑하는 것을 방해하지 않는다'라고 했다. 그는 서투른 예언자가 아니며 가치 전환이라는 번개가 칠 것을 안다고 했다.

니체는 스스로를 최초의 반도덕가, 지상의 파괴자라고 했고 창조자가 되려고 하는 사람은 파괴자가 되어 수많은 가치를 분쇄하지 않으면 안 된다고 했다. 언젠가는 내가 생활하고 가르치고 있는 것과 같은 생활을 하고 교육 방법을 갖는 제도가 필요해질 것이라 했다.

그리고 자신의 사명은 인류 최고의 지성의 순간, 즉 인류가 과거를 바라보고 미래를 바라보며 우연, 성직자의 지배로부터 벗어나 '어째서?', '무엇 때문에?'라는 물음을 처음으로 인류 전체를 향해 발하는 위대한 정오를 준비하는 데 있다고 했다.

또한 나는 내 운명을 알고 있다, 언젠가는 내 이름이 뭔가 거대한 것에 대한 회상으로서 결부되리라고 했다. 철학뿐 아니라 그의 시가 가지는 문학성에 대한 이해도 쉽게 이루어지지 않았다. 그러나 그의 시는 시대를 건너 멀리 앞서 가는 선구자적 의미의 시인적 면모를 보여 주고 있다.

니체의 집 앞에서 관람 시간을 기다리는 시간은 지루하거나 길지 않았다. 니체의 시와 철학에 대한 많은 생각들이 끝없이 떠오르고 시나갔기 때문이다. 이런저런 생각이 들고 기다림이 오히려 짧게 느껴질 즈음 현관문을 열고 한 여인이 나타났다. 그리고 마당을 걸어 나와 대문을 열었다.

▲ 니체(니체의 집 벽면에 부착된 사진)

내가 첫 번째 관람객이었다. 1층으로 들어서자 거실 벽면엔 니체와 그와 관련한 사람들의 사진들, 그리고 바그너 사진도 보였다.

라이프치히 대학에서 문헌학을 공부하고 있을 무렵(1968) 브룩하우스(동양학자)의 집에서 바그너를 처음 만난다. 둘 다 관심이 있는 쇼펜하우어, 오페라에 대한 대화를 나눴다. 다음 해에 니체는 스위스 바젤 대학 교수로(고전어, 고전문학 원외 교수) 초빙되었다. 얼마 후 그들은 바그너의 초청으로 다시 만나게 된다. 열광하던 니체는 점차 그의 지나치게 군림하려는 지배 욕구, 기회주의적인 속물적 기질을 확인하게 된다. 그리고 실망하게 된다.

이십대 초반에 바그너의 「트리스탄과 이졸데」를 보고 음악적 천재를 느끼고 절대적 감동을 받으며 추앙했던 니체의 생각은 점차 사라져가기 시작한다. 그리고 『반 시대적 고찰』의 4편, 「바이로이트 리하르트 바그너」와 『바그너의 경우』를 쓰면서 둘 사이는 점점 멀어진다. 그리고 니체가 『자라투스트라는 이렇게 말했다』를 쓰고 철학적 정신이 최고조로 고양될 무렵 바그너가 사망(1883)하고 그들의 관계도 끝이 난다.

한편 벽면에는 니체가 심하게 아팠을 때 모습인 듯 초점 없는 눈으로 의자에 앉아 있는 모습의 사진과 편지들이 전시되어 있었다.

　2층엔 니체의 두상이 하나 있었다. 혼자 덩그러니 앉아 창 너머 세상을 바라보고 있었다. 그리고 스산하고 썰렁한 느낌의 책상 하나가 있었다. 그의 생애처럼 남겨진 집마저 쓸쓸하다. 가끔 찾아오는 사람들 모습까지도 쓸쓸하게 보인다. 입구에 들어서자마자 다들 묵시록 같은 설명서 하나씩을 받아들고는 기도하듯 조용히 읽는다. 그리고 아무도 말하지 않고 생각에 잠길 뿐이다.

　이곳 바이마르, 니체의 집은 그가 산산이 부서진 정신을 가지고 생의 마지막 부분을 살던 곳이다. 어머니도 세상을 떠났고 누이동생의 간호를 받으며 살았다. 그러나 그의 누이동생 엘리자베스도 그의 저서를 왜곡하는 등 살가운 보호자는 아니었다. 평생을 고독과 함께 살면서 그의 철학과 문학을 인정받지도 못한 채 스위스로 이탈리아로 방랑하다가 여기에 도착했다. 그리고 그의 업적에 대한 사람들의 관심이 높아갈 무렵, 아무 것도 모른 채 생의 황혼 그 너머로 니체는 외롭게 사라져 간 것이다.

하늘에서 빌려 온 방 피렌체

단테, 베아트리체

흔들리는 기차의 리듬 사이로 밤은 춤추며 가고, 중세의 꽃이 막 깨어난 햇살 속에서 피어나고 있었다. 언제 했는지도 모를 누구와의 약속을 지키러 여기 왔을까. 오늘 피렌체를 만나 나를 다시 쓴다. 순간들이 물고 가는 시간의 불을 켜고 찾아온 너, 오늘 속에서.

산타마리아 노벨라 역을 나섰다. 신비의 비밀 창고 같은 건물들을 마음으로 만진다. 마음의 창을 두드리며 녹아드는 과거들……. 아침이 왔어도 중세의 꿈은 깊어가는 중. 여행은 가끔 삶을 기쁨에 떨게 한다. 중세의 문지방을 넘듯 역 앞 건널목을 건넌다. 낯선 땅에 오면 언제든지 나를 행복의 나라로 가는 국경을 넘게 하는 것은 무엇인가?

역 근처 즐비한 작은 호텔들, 예약은 없었지만 다행히 며칠 동안 쉴 곳을 찾았다. 잉글리시 블랙퍼스트로 가벼운 아침 식사를 하고 다시 도시 한가운데에 섰다. 점점 돋우어지는 햇살 심지 위로 따가운 한낮이 솟아오르고 있었다. 역사의 묘비처럼 서 있거나 기억 속의 이름들처럼 앉아 있는 건물과 건물 사이로 떠나갔던 어제들이 다시 돌아오고 있었다. 어디로 가나 내가 응시하기에 충분한 것들이 가득했다.

과거에는 과거만 있는 것이 아니고 현재에는 현재만 있는 것이 아니기 때문에 현재의 깊이는 무한하다. 오랜 시간 하나였기나 했듯이 나는 과거가 잠겨 있는 현재의 피렌체 깊은 곳까지 들어가 어머니 품속에 안긴 아이처럼 편안해지기 시작했다. 그 무엇을 위해 걸을 필요도 없이 그저 걷기만 해도, 잊을 수 없었던 것을 다시 만난 듯 감동으로 다가오고 지나가는 공간들⋯⋯. 공간 속으로 어디선가 나타났다가 서둘러 사라지는 사람들, 이 낯선 도시에서 내가 찾고 싶은 것은 무엇인가. 그리고 무엇을 가장 먼저 만나고 싶은가 잠시 생각했다. 오래전 내가 보낸 말의 메아리처럼 다시 돌아와 마음을 지나 입가에 맴도는 이름, 단테였다. 한 번도 열어 보지 못한 비밀 창고를 열기 위해 가는 설렘으로 아끼며 조금씩 걸었다.

두오모 광장엔 사람들이 가득했다. 그들은 역사가 익힌 잘 익은 열매처럼 붉은 지붕의 두오모를 찬탄의 눈빛으로 제각기 추수하듯 따내고는 마음속 깊이 간직하고 있었다. 두오모에서 시뇨리아 광장 쪽으로 가고 있는데 단테의 흉상이 걸린 집이 보였다. 바로 단테가 태어나고 자란 집이었다.

지금 막 내가 도착한 단테의 집, 가끔 사람들이 드나들고 있을 뿐 비교적 조용했다. 나는 반가움에 잠시 발을 멈추고 기쁨의 명상을 하고 서 있었다. 그때 어디서 나타났는지 팔등신 미인 거지가 손가락으로 가리키며 단테 알리기에리, 단테 알리기에리 했다. 동전 몇 닢을 건네주고 건물 안으로 들어갔다. 단테가 태어난 곳(1265년), 13세기적의 그를 키우던 건물이 아직 생생하게 서 있었다.

▲ 단테의 집 벽면 흉상

계단을 오르자 첫 번째 방엔 단테의 사진이 있었다. 알리기에리가의 가계도, 당시의 전쟁 모습, 의상들, 의약품 등이 전시되어 있었다. 그의 시대가 살고 있었다. 단테의 집엔 그의 구체적 무엇은 거의 없었다. 그도 그럴 것이 13세기는 가까운 옛날이 아닐뿐더러 무엇을 남길 만한 편안한 생활을 가졌던 그가 아니었다. 구체적 무엇이 없는 것이 그의 집으론 오히려 제격이었다. 그가 몸을 받았던 어머니는 일곱 살 되던 해에(1272) 세상을 떠났고, 재혼한 아버지가 사는 이곳을 떠나 볼로냐로 가 떠돌았다. 그 후 추방상태의 방랑을 하며 마음속의 고향을 살았고 가까이엔 없는 베아트리체를 신의 명령처럼 꿈꾸며 살았다. 그래서 구체적 무엇이 없는 집을 우리에게 보여줘야만 할 것 같기도 했다. 고향도 베아트리체도 가까이 없었기에 그의 마음속에 그것들이 더욱 많이 있었듯이, 그와 관련한 구체적 물건들이 적었기에 더 많은 단테가 공간에 있는 것이라 생각했다. 시대를 읽는 것이 그를 더 많이 읽을 수 있는 것이라 생각하며 당시의 전쟁 모습을 보여 주는 그림을 보고 있을 때, 그때였다. 밖에서 들려오는 한 남자의 목소리, 밖을 내다보았다.

두 손을 높이 쳐들고 단테, 단테, 단테…… 끝없이 외치는 소리, 외마디 기도처럼, 신령한 정신의 순간같이 보이는 모습, 아마도 단테교가 있다면 그것을 믿는 모습 바로 그것이었다. 그렇다. 그가 남긴 구체적 물건들은 없더라도 그의 글과 생각, 행동을 사랑하고 아끼는 사람들이 무수히 많이 있었고, 있고, 있을 것 아닌가? 그것이 바로 단테가 남긴 무한의 실체가 아닐까?

▲ 시에나 성곽 입구

▲ 시에나에서 본 전쟁놀이 장면

▲ 캄포 광장

　다시 벽면에 걸린 전쟁 장면을 본다.

　순간 어제 시에나 골목을 지나가던 한 무리의 사람들을 떠올렸다. 내가 지금 보고 있는 그림과 비슷한 무기를 들고 말을 타거나 또는 걸어서 전쟁 장면을 보여 주던 사람들(그 순간, 얼마나 많은 전쟁을 했으면 후손들도 전쟁놀이를 하며 놀까 생각했다), 벽면의 사진과 시에나에서 본 광경이 오버랩되면서 그 시대의 싸움들을 생각해 본다. 내가 본 시에나는 성곽을 넘어 흐르고 넘치는 평화로운 자연의 순간적 표정들이 너무나 신비롭기까지 한 도시, 어느 곳에 시선이 가도 건축이 낳아 놓은 공간의 미적 극치가 쉽게 눈을 뗄 수 없게 하던 곳이었다. 특히, 캄포 광장 앞에서의 시선의 떨림과 가슴 두근거림은 눈물 돋게 하는 감동 바로 그것이었다. 피사, 볼로냐, 그리고 지금 내가 쓰고 있는 피렌체 건축은 지상의 공간에 천상의 공간을 불러오는 마력의 힘이구나 생각하게 하는 것들이다. 다들 하늘에서 빌려 온 지상의 방들 같은 곳들 아닌가? 그 아름다운 공간에 살면서도 사람들은 끝없이 분쟁하고 싸움하고 갈등했다.

단테 또한 시대의 흐름에 따라 전쟁에 휩쓸리고 싸우고 찢기면서 살았다. 거부할 수 없는 시대의 운명을 그도 살 수밖에 없었던 것이다. 1289년엔 그도 여러 전투에 직접 참여했다. 그리고 1295년엔 정치에도 참여하여 피렌체를 다스리던 여섯 명의 행정관 중 한 사람이 되었다. 교황 보니파키우스 8세의 외교 사절로 활동하며 도시와 가문들의 분쟁을 중재하는 역할을 했다. 그의 소속 당이었던 겔프당이 흑과 백으로 다시 갈려졌고 그는 백당에 속했었다. 두 파로 갈려진 후 그들은 서로 피비린내 나는 치열한 싸움을 했다. 그리고 단테가 로마로 가는 사절단 일원으로 다녀오던 중 시에나(피렌체에서 기차로 약 한 시간여 거리)에 도착했을 때 그가 속한 백당이 참패를 당했다는 소식을 듣는다. 얼마 후, 피렌체에서 열린 궐석재판에서 그를 2년간의 귀양살이에 처했고 이에 항의하는 단테에게 추방령이 내린다.

이로부터 시작된 그의 끝없는 유랑 생활은 가까운 도시를 비롯해 프랑스의 파리와 영국의 옥스퍼드까지 이르렀다. 그의 이 같은 유랑 생활은 전쟁과 정치 따위의 부질없는 세속의 일에서 벗어나 철학, 문학, 예술, 언어에 대한 광범위한 지식을 섭렵하고 글로 쓸 수 있게 하는 보호막이 된 것이다.

추방은 오히려 구원이었다. 그렇지 않았다면 그는 피렌체란 공간에서만 평생을 살았을지도 모를 일이다. 추방 때문에 그는 멀고 가까운 도시 심지어 당시로선 너무나 먼 외국까지 가서 살 수 있었다. 또한 그곳에서 습득한 다학문적 지식을 바탕으로 『신곡』 같은 명저를 남길 수 있었다. 피렌체인이면서 피렌체로부터 쫓겨나고, 객지 라벤나에서 죽었지만(1321년 56세 때) 그의 『신곡』을 읽은 세계인들은 지금도 그를 찾아 피렌체로 온다. 그는 추방되었지만 그의 말처럼 "다른 목소리와 다른 머리털을 지닌 시인으로 돌아갔으며 영세의 우물에서 면류관을 받게 되었다"(『신곡』 천국편 25곡).

▲ 단테 시대의 피렌체 모습

　다시 그 시대의 의상들, 동전들, 의약품들(단테는 의약 조합원이었다고 한다)을 찬찬히 보다가 단테 시대의 피렌체 모습에 시선이 멈췄다. 지금도 흘러가고 있는 아르노 강이 있고 지금처럼 그때도 있었던 건물들, 공간 배치는 거의 비슷했다. 동서로 도시를 가로질러 흐르는 아르노 강 위에 놓인 베키오 다리가 보였다. 베키오 다리, 단테가 베아트리체를 만났던 곳, 그곳으로 빨리 가보고 싶었다.

　단테의 집을 나오며 출입구에 있는 안내원을 만났고 그는 친절하게 단테에 대한 설명을 해 주었다. 여기서 태어나서 이 집에서 삼십여 년을 살았어요, 원래 아기였을 때 이름은 두란테었어요. 그의 외할아버지 이름을 따서 지은 이름이지요. 그리고 산 조반니 세례당에서 세례를 받을 때 단테라고 부르게 되었어요, 아버지는 토지를 빌려 주는 일을 했어요. 그리고 피렌체에 살면서 그가 자주 다녔던 곳이나 그와 관련한 모든 곳에는 신곡의 글들이 쓰여 있어요라 말했다.

　단테의 집을 뒤로하고 좁은 골목을 빠져나와 산 조반니 세례당을 찾았다. 성당 안은 사람들로 가득했고 천국의 문 앞에서 앞다투어 사진을 찍고 있었다. 바로 앞의 두오모가 지어지기 전에는 이 세례당이 피렌체의 대성당이었으며, 로렌초 기베르티가 지은 작품이다. 조각가인 그는 구약 성서의 내용을 작품화했다. 두오모, 산 조반니 세례당, 그리고 우뚝 솟은 지오토의 종탑은 함께 어울려 건축미의 극치를 연출하고 있었다. 찬탄의 눈으로 건물들을 우러러보고 있을 때 갑자기, 지오토의 종탑에서 종소리가 쏟아져 내려왔다. 거대한 종탑 전체가 악기였다. 칠백 년 그 너머의 소리를 변함없이 지금도 들려주는 거대한 악기였다. 종소리를 들으며 시뇨리아 광장으로 향했다.

　수없이 많은 사람들이 모여 차를 마시고 담소를 나누는 레스토랑

▲ 지오토의 종탑

들이 광장 가장자리로 가득했다. 시뇨리아 광장은 13세기부터 현재까지 피렌체 역사의 중심지 역할을 하고 있는 곳이다. 광장 바로 옆에 베키오 강이 흐르고, 그 옆에 우피치 미술관이 있었다. 이곳에서 기둥마다 세워 놓은 피렌체의 역사적 인물 조각상들을 볼 수 있었다. 물론 단테의 상도 볼 수 있었다.

우피치 미술관을 지나 아르노 강까지 걸었다. 오후의 햇살이 빛나고 있었다. 넓지 않은 강폭에 잔잔한 물결이 역사의 태엽을 풀어 내리고 있었다. 흐르는 유리의 얼굴 위에 감미로운 미소를 짓고 있었다. 아르노 강은 언제 내 맘을 훔쳤는지 강에 가까이 갈수록 내가 강이 되는 듯했다. 미로처럼 저들은 어디로 저렇게 가고 있는 것일까? 강가에 서니, 마음의 벽이 풀려 나와 사물과 나, 사람과 나 사이가 점점 가까워지기 시작했다.

정화수가 따로 있는 게 아니다. 따로 떠올리지 않아도 물들은 다 정화수다. 물들이 끝없이 정화하지 않았다면 세상은 얼마나 더 혼탁했을까. 물처럼 이슬로 비로 눈으로 수증기로 하늘과 땅을 자주 왕래하는 물체도 없다. 자주 하늘에 다녀오기에 저렇게 투명한 얼굴일지도 모를 일이다. 그리고 무엇보다도 가장 자유를 지향하는 게 물이 아닐까. 도무지 갇히기 싫어 미세한 틈새로라도 도망치고 마는 것이 물이니까.

▲ 베키오 다리

생각이 물에 젖고 실타래처럼 풀려나갈 때 강가를 지나 베키오 다리에 닿았다. 수없이 많은 사람들이 모여 바람에 마음을 휘날리며 걷고 이름 모를 가수는 몸속에 갇혔던 소리를 노래로 퍼 올리고 있었다. 나도 사람들 틈에 끼어 앉아 있다가 옆에 앉아 있는 여인에게 물었다. 어디서 오셨어요? 저는 이태리 사람이에요. 정말 오래전부터 이곳에 오고 싶었어요. 여기는 우리나라 사람들이 가장 오고 싶어 하는 로맨틱한 장소에요. 정말 기뻐요. 이곳에 왔다는 사실이. 여기가 비체(베아트리체의 애칭)와 단테가 만난 곳 아니에요. 여길 연인과 함께 오면 사랑이 이루어지고 영원한 사랑이 될 수 있다고 하지요. 단테의 『신곡』에 있는 말이 저기 기록되어 있어요. 저 강물 좀 보세요. 너무 아름다워요 하면서 수평선 너머로 사라지고 있는 물결을 바라보고 있었다. 그 순간 푸치니의 오페라, 쟈니 스키키의 아리아, 오 사랑하는 나의 아버지가 내 마음에 흐르고 있었다. 처음 만났을 땐 아무런 말도 하지 않았던 베아트리체가 이곳에서의 두 번째 만남에서는 단테에게 인사를 건넸다고 한다. 그 이유는 무엇이었을까. 그때도 수평선 너머로 흘러갔을 저 물이 그렇게 하게 한 것은 아닐까?

단테와 베아트리체의 첫 만남, 둘 다 아홉 살이었을 때였다. 베아트리체(축복을 주는 여인이라는 뜻)가 죽게 되자(1290년) 시와 산문 형식을 섞어 슬픔과 눈물로 쓴 『새로운 인생』에서 그는 이렇게 말한다.

"내가 보기에 그녀는 막 아홉 살이 된 것 같고 나는 거의 아홉 살이 끝나갈 무렵에 그녀를 만났다…… 은은하고 예쁜 주홍빛의 옷에 허리띠를 맨 고귀한 느낌의 의상을 입고 있었다…… 그녀는 호메로스의 표현처럼 평범한 인간의 딸이 아닌 신의 딸같이 보였다."

오월, 꽃들이 만발한 피렌체, 귀족 포르티나리 가문은 축제를 베푼다. 단테도 아버지 알리기에리를 따라 포르티나리 집에 간다. 여기서 아홉 살의 비체를 처음 만난 것이다. 그 후 단테는 비체가 다니는 교회 등을 따라다닌다. 그러나 말없이 그저 신비로운 대상에 대한 찬미의 눈길만 조용히 줄 뿐인 만남이었다.

어머니의 죽음과 아버지의 재혼으로 집을 떠나 볼로냐(기차로 약한 시간여 거리)에서 살다가 아버지가 돌아가신 후 피렌체로 돌아오게 된다. 그 후 아르노 강가에서 친구들과 함께 걷는 베아트리체를 만난다. 단테는 『새로운 인생』에 "흰옷을 입고 단테의 앞을 지나갔고…… 말로 표현할 수 없는 정숙한 모습으로 그녀가 말을 건네 인사를 한 것은 그때가 처음이었고…… 하루 중 아홉 번째 시간이었고……
그는 마치 술에 취한 사람처럼 자리를 떠났다"라고 적고 있다.
이 같은 만남 이후, 비체를 그리며 쓴 소네트에서

> 나의 여인은 너무나 성스러워
> 다른 이들께 인사할 때
> 모든 혀들이 굳어지고
> 눈 들어 감히 그녀를 바라보지 못하는구나.

라 쓰기도 했다.

그러나 비체는 다른 사람과 결혼하여 살다 죽고, 비탄에 빠져 있던 단테는 『새로운 인생』을 쓰게 된다. 그 후 끝없는 방랑 생활로 내쫓긴 그는 불후의 명저 『신곡』을 쓰게 된다. 『신곡』에서 베아트리체와 당시의 문장가였던 베르길리우스와 동행하여 지옥과 연옥, 천국을 여행한다. 인간이 가진 생사의 한계를 넘어 우리가 모르는 세계로의 구원적 여행을 하고 그 기행문을 쓴 것이다.

> 여인이시여, 그대 안에 내 희망 힘 얻고
> ……………………………
> 나를 속박에서 자유로 이끈 그대
> 모든 것 이루시는 힘 지니셨습니다
> ……………………………
> 그대가 치유해 준 나의 영혼이
> 그대 뜻 따라 육체에서 풀려나게 하소서

라고 천국편에 쓰기도 한다. 단테는 인간적 행복을 누리기에 필요한 가장 기본적인 것들을 생의 과정에서 차례로 잃어버리게 된다. 어린 나이에 어머니를 잃었고 비체를 잃었고 아버지를 잃어버리고(십 대에 가장이 됨) 고향에서 추방되어 끝없이 방랑했다. 사형선고를 받기도 하고 재산을 몰수당하기도 하면서…… 중세적 시대 상황이 주는 인간 생활에 대한 종교적 지배력, 그리고 현실의 삶에 필요한 기본 끈들의 철저한 끊김…… 그가 선택한 구원의 길은, 문학적 상상력과 종교적 힘을 빌려 지상에서의 방황을 하며 정신적 구원을 할 지옥에서 연옥, 연옥에서 천국으로의 여행『신곡』을 쓰는 것이었다.

『신곡』의 집필로, 피렌체에서 쫓겨났어도, 전 인류의 사랑 안에서 천국의 구원을 받고 영원히 사랑받는 단테가 된 것이다. 지금도 아르노 강물은 흘러가고 단테를 찾는 세계인의 발길은 피렌체로 흘러들어 오고…….

서둘러 발길을 산타크로체 성당으로 옮겼다. 단아한 모습의 성당, 단테가 묻혀 있는 성당이다. 13세기부터 짓기 시작하여 15세기 중엽에 이르러 완성했다는 성당이다. 성당 앞 오른쪽에 단테의 조각상이 서 있었다. 그리고 미켈란젤로, 로시니, 마키아벨리, 갈릴레이와 함께 고이 잠들어 있었다.

풍경에도 혈통이 따로 있다?

평원을 가로지르는 거대하고 싱싱한 자연은 들을 여는 열쇠였다. 자연 풍경에도 혈통이 따로 있다면 울란바토르에서 이르쿠츠크로 가는 이 거대한 평원은 어떤 혈통일까? 냉철하고 차가운 머리와 신령스런 순수한 마음, 그리고 위엄에 찬 드넓은 마음을 가진 족속일 것이다. 달려도 끝없이 달릴 땅이 무한으로 남아 출발을 재촉한다. 푸른 잎과 들꽃, 자작나무 무늬 벽지를 바른 거대하고 편안한 방처럼, 벌판은 움직임 속의 평화가 마음을 제자리로 가 쉽게 한다. 슬프거나 화가 나거나 기쁘거나 하는 따위의 일들을 하느라 마음이 수고롭지 않아도 좋았다.

그냥 텅 빈 무대처럼 비어 있는 마음을 보는 스스로의 구경꾼이면 그만이다. 아름다운 아리아의 선율이나 들려오는 듯 반복을 연주하는 기차의 소리를 마음의 계곡에 시냇물 소리처럼 흘려보내기만 하면 그만이었다. 그리고 꽃들과 나무와 새들, 해와 달, 별들의 노동을 바라보기만 하면 그만이었다. 자연은 해가 출근하면 달이 퇴근하고 비가 출근하면 햇살이 퇴근하고 다들 충실한 근무자들이었다.

너무 많은 꽃들을 피우느라 힘들어 보이는 언덕도 있었고 꺾일 듯가는 허리로 물을 실어 나르는 시냇물의 노동이 성스럽게 보였다. 사람들만 노동한다고 생각했던 것이 지독한 편견이었구나 생각할 수 있어질 무렵 이르쿠츠크역에 도착했다.

바이칼을 보기 위해 기차에서 내렸다. 24시간을 넘게 이곳에 있어야 하는 사람은 오자마자 도착 신고를 해야 하고 떠날 때 출발 신고를 해야 했다. 특별난 법에 따라 특별난 여행자 신고를 하고 이르쿠츠크에 있는 땅의 눈, 바이칼 호수를 만나러 갔다. 마치 독신 생활을 하는 사람처럼 혼자 있는 도시 같은 느낌은 왜일까? 숲 속에서 만난 낯선 신사 같은 도시의 내부는 대자연이 이룬 운명의 북을 두드리며 찬란하게 소박한 은둔 생활을 하고 있었다.

자연의 물량이 도시의 가장자리로 넘실대며 넘치게 공급되는 이곳, 마음이 도시의 한가운데를 지나가도 도시 같지 않은 것은 왜일까? 처음 듣는 억센 억양의 낯선 말들이 잡초처럼 귓가를 스쳐 지나가고 가끔 눈에 띄는 정말로 예쁜 여자들…… 버스가 도시 외곽을 한참을 달리더니 드디어 바이칼 호수, 원시의 눈동자 같은 바다호수 바이칼은 신화의 물꽃이었다. 조금씩 흔들리는 물결은 물의 혼이 쓴 동화 같은 이야기를 소곤소곤 들려준다. 옛날 그 옛날 인간들의 선사시대를 포획할 수 있을 것 같은 물의 눈빛이 번뜩였다.

바이칼 호수에 대한 영상물도 보고 설명도 듣고 호숫가로 다시 갔다. '오물'이라는 생선을 굽고 허술한 차림의 러시아인들은 병째로 보드카를 들이마셔 취한 목소리로 물가에서 함께 흔들거리며 모르는 말들을 걸어왔다.

　배를 타고 바이칼을 건너야겠다는 생각에 호수를 가로질러 가는 배를 탔다. 수많은 러시아 사람들 틈에 유럽인들 다섯 명이 함께 여행하고 있었다. 그들에게 다가가서 함께 가도 되겠냐고 묻자 그렇게 하라고 했다.

　영국인, 뉴질랜드인, 호주인 그들도 다들 여행 중 만난 사람들이었다. 그들과 호숫가에 앉아 점심 식사를 하고 다시 배를 탔던 곳으로 무사히 돌아올 수 있었다. 사람들이 더욱 많아지고 낯선 공간을 사귀는 들뜸으로 술렁거렸다. 흐린 하늘 아래, 황홀한 땅의 끝에 와서 화려한 물의 정찬을 먹은 듯 마음이 가득 배부르다. 굳이 모두가 모여 먹는 '오물'을 양껏 먹지 않아도 눈으로 그리고 마음으로 먹은 폭발할 것 같은 바이칼의 신비, 예쁜 안내자 쏘냐와 함께 자작나무 숲 속을 지나, 오늘의 숙소, 러시아식 통나무집으로 가는 덜컹거리는 버스 속에서, 마음이 찍어 온 바이칼을 시 사진으로 현상한다.

바이칼 호수

물 보러 오는
사람들의 물결이
바이칼 이름 물결 더욱 높이고
쌓일수록 얕아지는 물은
자꾸만 거꾸로 높아져서
큰 키로 물구나무선
가쁜 숨결 일렁인다

깊이로 잠그는 물에

산은
낮아지면서 잠기고
잠겼다가 빠져나오는
햇살 속에서
낚시로 물을 열어
원시의 씨앗 같은
생선 하나 꺼내고 싶다

호숫가를 달리는 철길은
거위와 닭 들꽃을 태워 주고
큰 몸집의 바이칼도
철길을 타고
바다로 가고 있다

한여름인데도 밤엔 추웠다. 난방한 통나무집, 하룻밤의 한여름 추위가 마냥 사치스럽게 느껴지는 밤이 지나고 일찍 찾아온 아침이 활짝 웃고 있었다. 오래된 러시아 집들, 샤만들 모습, 낯선 재래시장 풍경, 사유 재산, 다차(개인 농장)에서 뿌리째 캐온 딱 한 포기의 상추를 팔러 온 할머니가 인상적이었다. 그 옆 아주머니도 딱 한 포기의 뿌리째 캐온 당근을 팔러 왔고, 두 포기도 아닌 한 포기를 시장에 들고 나온 모습들이 재미있다. 그래도 저마다의 생활을 사고파는 진지한 장사꾼들이었다.

재미삼아 뿌리째 파는 상추 한 포기와 당근 한 포기를 기차에서의 야채 간식을 위해 샀다. 이르쿠츠크까지의 열차 여행 중에도 쉬는 곳마다 싱싱한 토마토와 오이를 간식으로 사 먹을 수 있었지만 이렇게 재미있는, 한 포기씩 캐 가지고 오는 상치나 당근은 살 수가 없었기 때문이었다. 기차는 모스크바를 향해 출발하고 다시 자작나무 가득한 시베리아를 타고 간다. 달리는 것으로 둥지를 틀고 여행의 알을 부화하는 나그네새 한 마리의 날짐승처럼 마음이 자주 먼 자작나무 숲을 날다 오고, 부엉이처럼 졸다가 잠드는 별 총총한 밤. 밤도 여기서는 더욱 자연산이다. 밤이 시커먼 작업복 입고 만들어낸 아침이 돛을 세우듯 주황빛 해를 달아 올렸다. 들꽃의 미소가 차창으로 날아온다. 갓 깨어난 아침 안개는 어떤 왕조의 왕비와 공주도 입어 보지 못했을 찬란한 극치미의 비단이다.

어느 순간엔가 벌써 실금살금 야생의 끝없는 열병식을 빠져나오고 싶었다. 그리고 두고 온 빌딩 숲이 마치 두고 떠난 가족들이나 되는 것처럼 가끔 그리워지기도 했다. 현재의 틈으로 보이는 멀어진 것이 다시 그리워지기도 했다.

시베리아 횡단철도

시베리아 횡단철도
자작나무숲이 기차를 태우고 달린다
자작나무가 자작자작 걷다가 흰 다리로 원무하다가
햇살 아래서 하얗게 현기증하다가
빗속에서 미끈한 다리로 미끈미끈하다가
멈췄다가

사흘 밤낮을 달리고는
땅 멀미가 났다
나도 생각을 태우고
땅 위를 달리는 탈것

탈것이 탈것을 타고 달린다

다시 또
안개로 포장한 하루를 뜯어내어 먹고 마시고 달리다가
야생화로 포장한 하루를 뜯어내어
먹고 마시고 달리다가

야생화 공해에 시달린다
사탕 같은 해를 먹고 논다
주황빛 달빛에 쏘이고는 야생화를 모조리 뽑아내고
오아시스 같은 빌딩을 심고 싶다가
움직이는 사람을 모종하고 싶다

나 밖의 모든 것이 나를 만들고 있다
모든 것들이 서로의 몸 안에서 부활하고 있다
그들 안에는 서로의 밖이 있었다

마음에서 빠져나온 슬픔과 기쁨이
차츰 자작나무 숲이 되더니 기차를 타고 자작자작 걷는다

　드디어 모스크바 문 앞, 기차의 창문은 도시 냄새로 환기하고, 깊은 꿈 깨어나 처음 바라보는 햇살처럼 시야에 들어오는 도시. 내가 처음 본 모스크바 모습은 곡괭이를 들고 삽을 들고 철로 변 땅을 부수고 새롭게 만들고 있는 노동의 얼굴이었다. 도시의 안쪽으로 갈수록 문명의 생기가, 번쩍이는 형태와 색채의 찬가를 부르고, 저마다의 소리를 오케스트라처럼 꺼내고 있었다. 레드스퀘어, 크렘린, 굼백화점을 지나 깃털처럼 나는 볼쇼이 발레…… 여행은 멈추지 않는 축제

가 되고…….

모스크바 외곽, 자동차로 세 시간 정도
달려야 하는 곳, 야스나야폴랴나, 톨스토
이의 집엘 가기로 했다. 한국말을 조금 아
는 기사와 묻고 물어 도착한 야스나야폴
랴나, 햇살 가득한 행복의 영토 같은 곳,
보론카 강이 흐르고 숲이 자작나무 잎을
흔들어 녹빛 노래를 불러 주는 곳, 언덕은

평화의 능선을 여유롭게 오르내렸다. 마을 이귀부터 펼쳐지는 평원은
드넓었다. 언덕진 평원을 내려가자 돔 모양 기둥의 게이트가 다가섰다.

게이트를 지나자 출입구 왼쪽으로 호수가 보였다. 오리 몇 마리가
놀고 있는 평화로운 호수 곁으로 길게 키 큰 자작나무가 양옆으로 가
득 서 있었다. 시선을 조금 멀리하자 오른쪽 저편에도 커다란 호수가
물을 담고 생각에 잠겨 있었다. 사진에서만 보던 그 유명한 톨스토이
의 집 자작나무 입구를 걸어 들어가면서 여기로 드나들었을 톨스토
이 가문의 사람들 그리고 톨스토이의 태어남부터 죽음 사이에 이곳
에서 일어났던 수많은 일들과 함께 드나들었을 톨스토이를 생각한다.

톨스토이는 1828년 8월 28일 이곳에서 태어나 죽기 직전 집을 나
갈 때까지 여기서 살았다. 스스로 "난 매우 행복한 귀족이다. 나와 아
버지, 그리고 조부 그 누구도 부족함 혹은……다른 사람을 부러워하거
나 다른 이에게 간청하지도 않았다"라고 했는데 이 길은 행복으로 드
나드는 통로처럼 느끼기에 충분했다.

오른쪽으로 보이는 식물원의 아름다운 꽃들을 보고 외가의 가족이
쓰던 집을 지나 과일나무들이 심어진 과수원을 보았다. 레프 톨스토이

는 명성이 높은 명문 귀족 출신 아버지 니콜라이 일리치 톨스토이와 마리아 니콜라예브나 볼콘스카야 사이의 네 번째 아들로 태어났다.

어머니 마리아 니콜라예브나 볼콘스카야는 다양한 교육을 받았다. 그는 이탈리아어, 프랑스어, 독일어, 수학, 물리학 등의 교육을 고루 잘 받았다. 또한 시도 썼고 피아노와 클라비코드를 연주했고 신앙심이 매우 깊었다. 결혼 후 아이들에게 동화를 들려주고 식사 전에 피아노를 연주해 주었고, 시어머니에게 소설을 읽어 주기도 하는 예술적이고 다정다감한 어머니였다. 레프 니콜라예비치 톨스토이는 생후 1년 6개월에 어머니를 잃는다. 그러나 어머니 마리아 니콜라예브나 볼콘스카야(1790~1830)는 레프 톨스토이의 마음에 언제나 살아 있었다. 어머니는 그에게 고상하고 진실한 영적 존재였고 어려울 때 기도하면 항상 도움이 되었다.

▲ 생가 입구의 자작나무 길

아버지는 그가 아홉 살 때(1837년) 툴라에서 갑자기 세상을 떠났고 어린 레프 톨스토이는 믿기지 않아 모스크바를 헤매며 아버지를 찾아다녔다. 어린 나이에 고아가 된 레프 톨스토이는 형들과 여동생과 함께 숙모 알렉산드라 일리니치나에게 맡겨져 자라게 된다. 숙모는 철저한 신앙생활을 했고 베풀기를 잘하는 넉넉한 성격이며 지극히 종교적이며 검소했다. 어머니의 감수성과 숙모의 남을 생각하는 성격은 레프 톨스토이의 작품성격에 크게 영향을 준다. 형들은 각각 공부 등 자기 생활에 바빴고 톨스토이는 외롭고 쓸쓸한 어린 시절을 보냈다. 레프 톨스토이는 러시아 전래 동화, 영웅서사시, 아라비안나이트, 푸시킨의 시를 듣고 읽으며 자란다. 그러나 공부를 아주 잘하는 편은 아니었다.

카잔대학 동양어과에서 아랍어 터키어를 전공하다가 법과로 전과해서 공부했지만 흥미를 느끼지 못한다. 이 무렵 괴테의 저서들, 루소의 『참회록』, 『에밀』을 탐독했고, 루소를 숭앙한 나머지 루소 초상 메달 목걸이를 항상 하고 다녔다. 그리고 대학의 교육에 흥미를 느끼지 못했던 톨스토이는 결국 대학을 떠나 이곳 야스나야폴랴나로 온다(1847년). 농사를 짓고 농민들을 돕고 그들과 가까이하고 그들을 위한 교육자가 될 것을 꿈꾼다. 그의 소설 『어떤 영주의 아침』에 그때의 체험들이 잘 드러난다. 그러나 그가 꿈꾸었던 생활을 이루지 못하고 1851년 니콜라이 형이 있는 카프카즈로 간다.

카프카즈에서 포병대에 입대한 그는 『유년시절』(1852)을 완성하고 투르게네프에게 좋은 평가를 받는다. 『소년시대』, 『1885년 5월의 세바스토폴리』 등을 쓰고 제대를 한다(1856년 11월). 그리고 다음 해에 유럽 여행을 떠난다.

다시 이곳 야스나야폴랴나로 돌아온 레프 톨스토이는 자기만의 새로운 교육 방법에 의해 교육하기 위해 학교를 세워 노력했고, 잡지 『야스나야폴랴나』를 발행했고 여기에 학생들의 글을 싣기도 했다. 그가 애독했던 『에밀』과 지금 내가 보고 있는 톨스토이의 집 왼쪽에 위치한 학교에서 한 그의 교육과는 어떤 관계가 있을까? 이 학교는 그가 직접 교과서를 쓰기도 했고 아이들을 데리고 야외 학습식의 수영도 다니고 했던 톨스토이 교육의 총 본산지다.

톨스토이가 애독한 『에밀』은 그의 『사회계약론』과 깊이 관계하는 글이고 인간의 이성과 자유, 존엄성을 받들고 실현하는 사회를 건설하자는 그의 사상을 잘 보여 주고 있는 책 아닌가? 인간이 조물주의 손에서 나올 때 모든 것이 선했지만 인간의 손안에서 모든 것이 타락한다는 『에밀』의 교육론은 독특하다. 가지고 온 순수 선의 세계를 유지하게 하는 것이 교육의 과제며 인간적 교훈 따위의 주입식 교육을 배제하고 실수와 악덕에 빠지지 않도록 보호하며 자연스럽게 자라도록 관찰하고 지켜 주는 교육을 해야 한다는 것이다. 이 같은 교육론은 현실적으로 실현 가능성이 매우 어렵고 이상주의적 교육론이라는 평가를 받았다.

예술적 소양이 풍부한 어머니의 영향과 숙모, 그리고 할머니에게 민담, 전설 등을 듣고 다양한 독서를 하면서 자란 행복한 귀족 아이 톨스토이, 어린 나이에 고아가 되고 외롭고 쓸쓸한 내면을 가지고 성장한 톨스토이의 환경은 문학에 가까이 가고 글을 쓸 수밖에 없는, 어쩌면 좋은 글을 쓰기 위한 최상의 조건을 가졌었다.

어머니와 숙모가 가진 남다른 종교적 성향, 그리고 남들의 어려움을 살펴볼 줄 알고 검소한 생활을 한 숙모의 영향은 어려운 사람을 따뜻한 시선으로 바라보고 농민 등 사회적 약자들의 입장을 헤아리는 사람이 되게 한다. 그는 청년기부터 마차를 팔아 가난한 사람에게 나누어 주자, 재산의 1/10을 그들을 위해 나누어 주자, 심부름꾼 없이 지내자, 그들도 마찬가지 사람이니까 등의 생활 수칙을 쓰기도 했다.

청년 시절 그는 사람의 숙명은 끊임없는 완성의 노력에 있다는 확신을 가지고 법률에서 음악까지 최고의 수준에 이르는 완성을 꿈꾸면서 금욕주의, 쾌락주의, 윤회사상에 이르기까지 모든 이즘을 섭렵한다. 그리고 자신의 생활을 자기기만, 거짓 수치심, 우울증, 짐승처럼 살기 등으로 스스로를 비판하며 일기에 쓰기도 한다. 그 무렵 그가 읽었던 루소의『참회록』,『에밀』등은 그에게 있어 신천지였다. 아마도 루소를 경외했던 그는 인간 불평등 기원론이라든가, 학문 예술은 인간에게 있어 아름다운 꽃으로 장식한 쇠사슬이라고 말하는 학문예술론 등도 읽었으리라.

사실『에밀』은 성선설에 입각한 순수 인간애를 썼고 서양의 정신적 문화적 체계의 근간이 된 기독교의 원죄설과 정면으로 대립되며 출간(1762) 후 금서가 됐고 체포령 하에 루소는 스위스로 영국으로 피신하여 떠돌지 않았던가. 또한 괴테의 글을 탐독했는데『젊은 베르테르의 슬픔』이 가지고 있는 젊은이가 느낄 수 있는 사회의 규범, 질서에 대한 인간적 자유의 억압을 비련의 절망 속에 저항으로 보여준 괴테의 저항적 정신도 읽었을 것이다.

또한 그가 읽었던 실러의『도둑들』은 어떠한가. 그가 태어난 곳의 지배자 칼 오이겐 공의 명령으로 본인이 원하지 않는 법학을 공부해야 했고 인간적 자유를 포기해야 했던 실러가 오이겐 공과 당시 사회의 제도에 억눌린 인간들의 보호받아야 할 자유와 권리를 문장으로 웅변하고, 체포령 속에 방랑생활을 하게 했던 책 아닌가? 또한 대학 시절 예카테리나 2세의 명령과 몽테스키외의 『법의 정신』과 비교하는 리포트를 작성하며 느꼈던 사회 현상과 제도의 불합리에 대한 확인은 그에게 어떠한 영향을 주었을까?

숙모의 영향, 모든 이즘의 섭렵과 그에 따른 실제 생활의 체험, 자기 반성, 기존의 서양 문화와 정신의 근본을 뒤흔들고 있는, 그리고 프랑스 혁명의 원인이 되었다고 하는 인간, 자유, 존엄성을 부르짖는 『에밀』의 탐독, 괴테의 시대와 제도의 억압에 저항하고 젊은이의 자유를 절규하는 『젊은 베르테르의 슬픔』, 실러의 지배 계층에 눌려 말살되는 인간적 자유를 빼앗아 가는 사회 제도, 억압에의 강력한 저항이었던 『도둑들』의 탐독은 그의 작품에 끝없이 드러나는 인간애 탐구 도덕,

▲ 야스나야폴랴나의 톨스토이 집

자유와 그의 학교와 교육 일련의 생활 등에 직접적 영향을 준 근원이 되었을 것이다.

생각에 잠겨 걷다가 야스나야폴랴나 깊숙한 곳에 위치한 레프 니콜라예비치 톨스토이의 집 앞에 섰다. 테라스가 있는 집 앞에 나무가 한 그루 있었다. 이 나무 아래서 톨스토이가 농민 등 가난한 사람들을 만나 자주 이야기하곤 했다고 안내원은 설명했다. 그들은 이 나무를 가난한 사람들의 나무라 불렀다.

그리고 테라스가 달린 집안으로 들어갔다. 거대한 야스나야폴랴나의 넓이와 크기에 비해 비교적 크지 않은 그리고 백작의 집으로는 화려하지 않은 집이었다. 흰색 벽을 가진 깨끗하고 소박한 검소해 보이는 집이었다. 집안 곳곳에서 가문의 선조들을 항상 자랑스러워했던 톨스토이의 마음을 느낄 수 있었다. 그의 자랑스러운 선조들 사진이 벽면 가득 붙어 있었다. 레프 톨스토이는 선조들의 초상화 보기를 즐거워했으며 그들의 초상화를 탁상에 올려놓는 병풍으로 만들어 서재에 두고 무척 아꼈다.

그리고 선조들의 성격은 그의 작품에 등장하는 인물들의 성격 묘사에 직접적 영향을 주었다.『전쟁과 평화』의 나이 든 보르콘스키 공작은 니콜라이 세르예비치 보르콘스키와 로스토프 백작은 일리야 안드레예비치 톨스토이를 닮았다고 한다. 그리고 가문에 대대로 내려오는 이야기들도 작품 구성에 구체적 영향을 주었다고 한다.

레프 니콜라예비치 톨스토이의 아내 소피아 안드레예브나 톨스타야의 사진이 눈에 띄었다. 아내 소피아 안드레예브나 톨스타야는 레프 톨스토이 가문과 오래전부터 서로 잘 알고 지냈던 가문의 태생이다. 궁중 의사 안드레이 예프스타피예비치 베르스의 둘째 딸이다. 어느 날 서른네 살의 레프 톨스토이가 열일곱 살인 소피아에게 사랑을 고백한다. 톨스토이가 탁자 위에 분필로 글씨를 써서 사랑의 고백을 했다. 두 사람은 이미 서로 사랑하고 있었다 한다. 『안나카레니나』에서, 레빈이 키티에게 사랑을 고백하는 장면도 이와 비슷하게 기술된다. 1862년 9월에 레프 톨스토이와 결혼한 소피아는 문학적 재능이 뛰어난 아내였고 톨스토이의 작품 쓰기에 창조적 힘을 불어넣어 주는 역할을 했다. 그녀는 『안나카레니나』의 집필을 위해 정서를 해 주는 구체적 도움을 주기도 했다. 톨스토이는 아내에게 감사의 뜻으로 반지를 선물했고, 이를 톨스토이가에서는 안나카레니나 반지라고 부른다 했다.

결혼 후 톨스토이는 그의 영지인 이곳 야스나야폴랴나에서 행복한 결혼 생활을 영위했다. 그리고 원숙기의 대표작인 세계 문학의 금자탑, 『전쟁과 평화』, 『안나카레니나』를 탄생시켰다.

아래층에 있는 톨스토이의 서재는 세계에서 가장 많이 읽히는 그리고 소설 문학의 최고봉을 낳은 산실이다. 아내 소피아는 톨스토이가 집필하는 이곳 아래층 서재로의 사람들 출입을 금했다고 한다. 어린 시절, 그때만 해도 러시아는 한국에서 너무 먼 곳이었다. 지리적, 공간적 거리보다 더 먼 것은, 국가적 이념이 다른 나라라는 사실, 그리고 내가 『전쟁과 평화』, 『안나카레니나』 등을 읽던 중고등학교 때만 해도 러시아에 오거나 그것도 톨스토이의 서재를 본다는 것은 꿈도 꿀 수 없는 일이었다. 이곳 야스나야폴랴나, 그것도 그의 작품의 산실을 가까이 보고 느끼고 감촉한다는 것은 그의 소설이 주는 감동과 또 다른 특별한 감동을 마음속 깊이 심어 주는 일이다.

톨스토이는 『전쟁과 평화』를 완성하고, 4년 정도 민중을 위한 교육

교본을 쓰는 등 문학적 작업을 거의 중단하여 아내 소피아에게 걱정을 끼친 뒤에, 『안나카레니나』를 쓰기 시작했다. 소피아는 이를 매우 기뻐했다. 이 소설에서 안나와 브론스키 외에 콘스탄틴 레빈과 키티를 등장시키는데 레빈은 톨스토이의 분신이다. 아내와 톨스토이의 결혼생활을 그리고 레빈 형의 죽음으로 톨스토이 형 드미트리의 죽음을 느끼게 한다.

레프 톨스토이는 형의 죽음으로 생의 허무에 대한 처절한 고뇌를 한다. 그리고 예술은 인생에 거울이며 인생의 뜻을 갖지 않는 이상 거울놀이도 아무런 가치가 없다는 생각을 한다. 그리고 그는 수도원을 방문하고 수도승과 대화하고 굶주림으로 죽어가는 농민들을 위해 무료 급식소를 여는 데 참여했다. 또한 1882년 모스크바에서 한겨울을 머물며 대도시 생활의 비참함을 절감한다.

그리고 기존 강자 위주의 사회질서 문제, 귀족의 평민 만들기를 깊이 생각한다. 하인 부리기, 교회와 학문 예술의 인간 자체에의 기여 문제를 깊이 고뇌한다. 그리고 이 문제를 위해 거짓말 안 하고 진실을 무서워하지 않을 것, 참회할 것, 종교적 원죄에 대한 싸움, 교육에 의해 거짓, 오만의 뿌리 뽑기, 직접 일하기에의 실천 의지를 다짐했다.

복음서의 교의와 교회가 어떻게 일치하지 않는가를 찾기 위해 머리가 아프리만큼 책을 읽고, 헨리 조지의 『토지국유론』을 읽고 목사와 함께 헤브루어를 배우고, 장작을 패고 장화를 손수 깁는 남편을 아내 소피아는 이해할 수 없었다.

그의 첫 작품이 가지는 문학적 가치를 처음 알아챘고 톨스토이가 지닌 문학적 재능을 잘 알았던 투르게네프도 러시아의 대지에서 태어난 위대한 작가며 친구인 톨스토이에게 문학으로 돌아와 달라고 부탁의 편지를 썼다. 그러나 그의 생각과 생활은 변하지 않았다. 그리고 예술과 과학의 허위 찾기는 입센, 베토벤, 셰익스피어에까지 이른다. 이는 루소의 『학문예술론』과 깊은 관계가 있을 것이다. 이 같은 그의 예술 비판을 완성하면서 모범적 예술의 정점을 보여준 소설이 『부활』이라고 로맹 롤랑(로맹 롤랑, 『톨스토이 생애』)은 말하지 않았던가. 영원한 사랑을 이야기하고 사랑의 적인 사랑과 싸우는, 두 개의 탑을 가진 『부활』은 주인공 네플류도프에 레프 톨스토이의 사상을 불어넣은 소설이다.

소설 『부활』은, 특히 네플류도프는 (육체적 방탕과 이것을 참회 반성했던 그리고 출판 후 체포령이 내렸던 루소의 『에밀』, 「학문예술론」과 「사회계약설」 관련한 종교, 예술 사회관을 가졌던) 젊은 시절의 톨스토이가 고령이 된 톨스토이 소설 『부활』의 원형으로 드러난 것이다.

그리고 젊은 시절 읽었던 개인의 자유와 인간성을 철저히 짓밟았던 당시 귀족들과 사회 구조의 문제를 쓰고 체포령하에 도망 다녔던 실러의 「도둑들」 또한 분명 깊은 관계가 있었을 것이다. 생후 일 년 육 개월 만에 어머니를 잃어버리고 아홉 살에 아버지마저 잃어버린 레프 톨스토이, 어린 고아인 그의 쓸쓸하고 외로운 마음에 깃든 문학, 그리고 숙모, 탐독했던 책들은 농민과 민중의 아픔을 자기 것으로 아파하고 소설을 쓰고 사회의 악을 뿌리 뽑기 위한 교육을 하게 한 작용 요인이 되었을 것이다.

한편 레프 톨스토이의 아내 소피아를 생각해 본다. 열일곱의 아름다운, 문학적인, 궁정 의사의 딸. 그녀는 서른네 살의 레프 톨스토이에게 사랑의 고백을 받고 결혼 전 고민에 빠진다. 톨스토이가 고백한 하녀와의 부적절한 관계 문제로 결혼할 것인가에 대한 심각한 고민에 빠졌다. 며칠 밤을 설친 후 결혼을 결정하고 행복한 결혼 생활을 하면서도 그 문제의 하녀를 죽이고 싶은 충동을 느낄 만큼 괴로운 갈등을 겪고 산다. 하녀와의 사이에서 태어난 아이는 후에 소피아와의 사이에서 낳은 아들의 마부가 됐는데, 그 같은 상황에서 겪은 심리적 고통은 어떠했을까? 그리고 남편 레프 톨스토이의 특별한 인류애, 검소한 생활, 종교, 교육 등 일련의 생활태도와 인생철학은 또 얼마나 소피아를 괴롭혔을까? 그는 다만 평범한 귀족 톨스토이 백작 부인이었을 뿐이니까. 그들은 서로 존경하면서 갈등하는 수십 년의 결혼생활을 했다.

1897년 6월 8일 톨스토이는 아내에게 편지를 쓴다.

사랑하는 소피아. 오랫동안 나는 나의 생활과 신앙의 불일치로 괴로워하였소. 당신이나 아이들의 생활과 습관을 무리하게 바꾸게 할 수가 없었소. 그리고 그 이상으로 나는 당신이나 아이들과 헤어질 수가 없었소. 왜냐하면…… 당신이나 아이들을 크게 슬프게 할 것이라고 생각되었기 때문이었소. 그러나 앞으로는 이 16년 동안을 살아온 것처럼 살아갈 수는 없소……. 나는 오랫동안 하고 싶었던 일을 지금에야 하려고 결심한 것이오. 그것은 내가 떠나는 일이오……. 만일 내가 공공연하게 떠나 버리면 애원과 의논이 일어날 것이오. 그렇게 되면 마음이 무거워지고 아마 이 결심을 실천에 옮길 수 없게 될 것이오. 나의 행동이 당신들을 슬프게 한다 하여도 용서해 주길 바라오. 특히 소피아, 내가 떠날 수 있게 해 주오. 나에 관해서 후회하거나 나를 나무라지 마오. 내가 당신 곁을 떠난다는 사실은 내가 당신에게 무슨 불만을 갖고 있었다는 것을 나타내는 것은 아니오.

나는 당신이 나와 똑같이 보고 생각할 수 없었던 것을, 끝내 할 수 없었던 것을 알고 있소……. 당신이 나를 따라올 수 없었던 것을 나는 나무라지 않겠소.

나는 당신에게 감사하고 있소. 당신이 나에게 주었던 모든 것을 언제나 사랑의 마음으로 회상할 것이오. 잘 있어요. 나의 사랑하는 소피아. 나는 당신을 사랑하오.

▲ 톨스토이와 소피아

그러나 톨스토이는 바로 그의 길을 떠나지 못하다가, 1910년 10월 28일 마침내 자기의 길을 떠난다. 모든 식구들이 잠들어 있는 새벽 여섯시, 모자와 전등을 챙겨 마구간으로 갔고 도망치듯 야스나야폴랴나를 나왔다. 그의 마지막 여행이 시작되었다. 10월 31일 저녁 폐렴으로 진단된 톨스토이는 고열에 시달렸다. 11월 7일, 아스타포보역에 딸린 이반이바노비치 오졸린의 작은 방에서 그가 가장 중요한 때라고 했던 최후의 현재를 마감했다.

서재에 걸린, 마지막을 장식했던 모습들의 사진을 뒤로하고 마구간을 지나 숲을 산책한다. 자작나무와 또 다른 키 큰 나무들의 숲, 깊은 숲으로 햇살이 스며들고 있었다. 톨스토이는 스스로를, 나는 둥지에서 떨어진 한 마리 새, 뒤로 자빠진 채 키 큰 풀밭 한가운데서 운다고 했다. 완벽하게 정복할 수 없는 인류 구원의 길을 고통스럽게 홀로 걸어간 톨스토이의 발자국이 숲에 가득 남아 지금도 걸어가고 있으리라.

▲ 아스타포보 역

숲의 가장 안쪽에 발길이 닿았다. 레프 톨스토이가 어린 시절 들었던 전설이 모든 사람들을 행복하게 해 주는 녹색 가지가 있다고 말하는 숲에 잠들어 있는 톨스토이의 무덤이 보였다.

키 큰 나무들이 먼 가장자리에 있고 마치 이끼 낀 고목 등걸 같기도 한 그의 무덤은 본래 그렇게 있던 자연의 한 조그마한 야트막한 언덕같이 보이기도 했다. 주변의 풀들도 경배하는 듯 낮게 고개 숙여서 있었다. 마음속 깊은 곳에서는 한줄기 눈물이 흐르고 있었다. 내가 보았던 인류사 최고의 무덤이라는 타지마할도 저 위대한 자연처럼 찬란하지는 못했다.

▲ 톨스토이의 무덤

톨스토이의 집

톨스토이가 빠뜨린
눈빛들이
호수 안에서 지느러미 달고 헤엄친다

그가 타던
말들의 후예들은 사과밭 사이를 나는
향기를 태우는 말

펜과 책들은
끝없는 휴일에 안겨
낡음의 부피를 재는 시계

그는 이제 영원을 타고 와서
있었음의 가난함을 키우는
한 그루 나무

내 사랑의 바람

루쉰을 처음 만난 것은 내가 중학교 시절 펄 벅의 대지를 읽고 중국에 대한 호기심이 생겨 읽은 아큐정전에서였다. 본적도 이름도 애매한 날품팔이꾼 아큐는 마을 사당을 은신처로 하여 살아가지만 자존심이 매우 강해서 그가 살던 미장 사람들 따위는 무시했고 성 안 사람들까지도 때로는 경멸했다. 그리고 그가 어려움을 당할 때마다 정신적 승리법을 내세워 어려운 상황과 적을 물리쳤다고 생각하는 정말 독특한 등장인물이었다.

어느 날 전 나리의 장남에게 얻어맞고는 죄 없는 정수암 여승에게 침을 뱉고 여승의 뺨을 꼬집는다. 은신처인 사당으로 돌아온 아큐는 어찌 된 일인지 그날만은 잠을 이룰 수 없었고 정수암 여승의 뺨을 꼬집었던 엄지손가락과 집게손가락이 매끄럽다는 생각을 한다. 그리곤 마음이 달뜬다. 여자를 생각한다.

그리고 조 나리댁 식모 오마에게 별안간 달려들었다가 다섯 조항의 서약을 하고 사죄식을 한 후 미장의 모든 여인들은 아큐만 보면 저마다 대문 안으로 도망쳤다. 그뿐 아니라 날품마저도 얻을 수 없게

171

되고 주린 배를 채우기 위해 정수암 채마밭에서 무를 훔쳐 먹기도 한다. 살 길이 막연했던 아큐는 성 안으로 갔다가 미장에서 귀한 물건들을 가져와 팔았다. 미장 사람들은 그를 만나지 못해 안달을 하고 자기도취에 빠져 좌충우돌하던 아큐는 혁명을 하려 했다고 잡혀 가 영문도 모르고 사형수가 되어 총살당한다. 아무튼 아큐는 별난 캐릭터로 생생하게 나의 기억에 남았었다. 루쉰은 이 소설로 봉건 사회의 불합리한 관념 제도가 낳은 루쉰 당시의 사회 모습을 보여 주고 있고 이것으로 사람들에게 반성을 촉구한 것이다.

중국의 문호가 개방되자 나는 자주 중국을 여행하게 되었고 우연히 방문한 상해의 루쉰 공원 등은 내게 그에 대한 새로운 관심을 불러일으키게 했다. 루쉰에 대한 책들도 중국을 드나드는 횟수와 아울러 내게 하나씩 더 읽히게 되고.

칠월 어느 날, 가끔 가곤 했던 베이징행 비행기를 탔다. 자금성과 왕부정 거리를 거닐며 파란 모란꽃이 새겨진 싸구려 다기세트를 사기도 했다. 천안문 광장 가장자리의 대형 화면 속에 비치는 상해 엑스포 선전이 대단했다. 언제나 시끌벅적한 왕부정 거리엔 사람들이 넘쳐나고 낯선 먹을거리들이 가득했다. 전갈이 또 한 번 꼬치에 꿰여 팔딱거리는 목숨의 몸짓을 보여 주고 있었다.

오늘도 무어든 사라고 삶을 외치는 목소리에 생기의 배가 부른다. 어제저녁에 봤던 베이징 전통 경극에서 들던 높은음 가락 말들이 왕부정 거리의 공간 위를 날고…… 즐거운 시끄러움이 먹을거리 위에 얹히는 최상의 양념이다. 저마다 먹을거리 하나씩 사 들고 술렁거리는 것이 행복의 소용돌이 같다. 언제나 중국의 거리는 붉은 물감이 하늘에서 쏟아져 내린 듯 붉다. 보이는 간판, 선전물 글씨들까지도 붉어 때론 읽을 때 다소 눈이 피로하지만 붉은 빛깔은 우울하거나 쓸쓸한 마음을 치유하거나 아예 그런 마음이 생겨나지 못하게 하는 어떤 힘을 주술처럼 가진 듯하다. 오늘도 붉은 빛깔의 거리에서 한 옥타브 위의 목소리로 말하는 사람들의 말과 몸짓을 한 아름 사서는 내 마음에 살고 있는 아주 작은 우울에게 선물로 주었다.

호텔로 돌아오는 길목, 자금성 외곽으로 흐르는 인공 호수를 만났다. 오늘도 팔백 년을 넘어 베이징에서 상하이로 흘러가면서 지나간 것들은 뒤돌아보는 게 아니라고 강물은 또 말하고 있었다. 호수 위의 한 채의 집, 유람선들이 시들어 가는 하루에 불을 켜 태우고는 햇살보다 불타는 웃음을 실어 나르고 있었다.

호텔 객실 창 너머로 먼 곳에서 먼 곳으로 흘러가는 물결 닮은 지하철이 지나갔다. 객실 안 한편엔 베이징을 소개하는 관광 가이드 책이 두어 권 있었다. 그중 한 권에서 루쉰이 살았던 고택과 기념관 안내를 읽었다. 책을 덮고 루쉰이 살았던 집을 찾아갈 정보를 얻기 위해 로비로 내려갔다. 열한 시가 다 되는 늦은 시간이 되었지만, 프런트에 근무하는 호텔 종업원은 친절하게 설명해 주었다. 개인 가이드를 하루 고용하는 방법도 있겠지만, 지도 한 장을 들고 택시를 타고 직접 찾아가 보기로 했다.

아침 아홉 시부터 열린다는 기념관에서 하루를 보낼 생각이었지만 충분한 시간을 확보하기 위해 여덟시 삼십분쯤 호텔에서 출발했다. 아홉 시가 조금 넘어 기념관 앞 골목에 닿았다. 양옆으로 즐비하게 크고 작은 식당들이 늘어섰고, 큰 목소리로 말을 주고받는 사람들, 웃통을 벗은 채 리어카를 끌고 가는 건장한 남자가 지나가고……

내 맘 속 깊은 곳에서 루쉰의 집을 만나는 기쁨이 나와 골목 어귀를 휘돌고 있었다. 녹빛 군복 차림의 젊은이가 인형처럼 서서 기념관 입구를 지키고 있었다. 조심스레 안내원에게 말을 걸었다. "입장료가 얼마에요?", "입장료는 없어요"라고 미소를 보냈다.

간단하게 내 소개를 하고 내가 아는 루쉰 이야기를 조금 하자 안내원은 친절하게 나를 대했고 자유롭게 천천히 관람하라고 했다. 루쉰 기념관 입구를 들어서자 작은 정원이 있었고 몇 송이의 꽃들이 핀 풀꽃들을 아래로 두고 흰빛의 루쉰 선생 상이 놓여 있었다. 따가운 햇볕에 홀로 높이 앉아 지나가는 바람과 나지막하게 대화하는 듯했다.

글로 읽었던 그의 생각과 생활이 한꺼번에 내 마음에 솟아올라 기쁨과 슬픔으로 섞이고 거기에 다시 오랜 기다림 속 만남의 기쁨이 섞였다고나 할까? 수많은 생각들이 나를 살짝 감동하게 하는 순간이었다. 몇 걸음 걸어 루쉰 기념관 문을 열고 들어서자 펼쳐 놓은 책 모양 돌 조각 위에 선생의 약력 사항이 적혀 있었다.

▲ 루쉰 박물관 입구

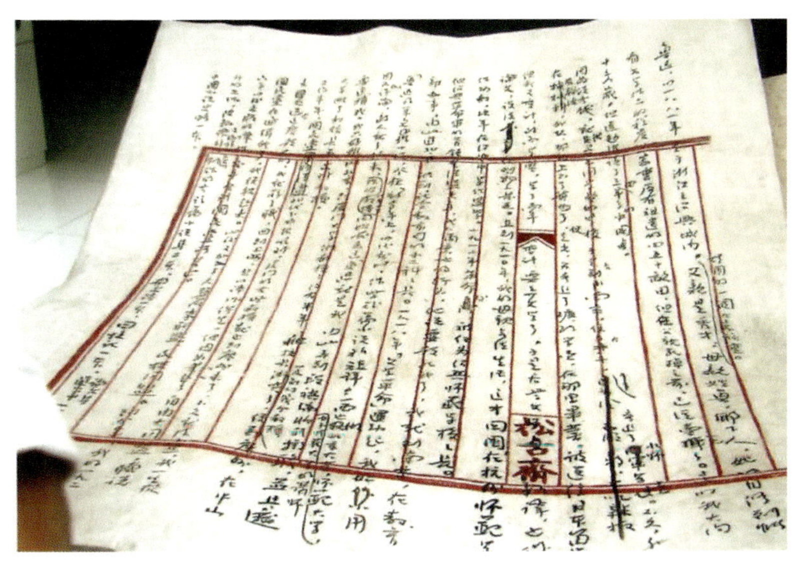

▲ 루쉰 석상

그리고 벽면엔 그가 쓴 글들이 적혀 있었다. 계단을 올라 첫 번째 전시관을 들어가자 그의 고향 사오싱의 모습과 할아버지, 부모의 사진이 걸려 있었다. 이 책 저 책에서 자주 보아 온 낯익은 사진들이었다.

▲ 할아버지 저우푸칭과 두 조모

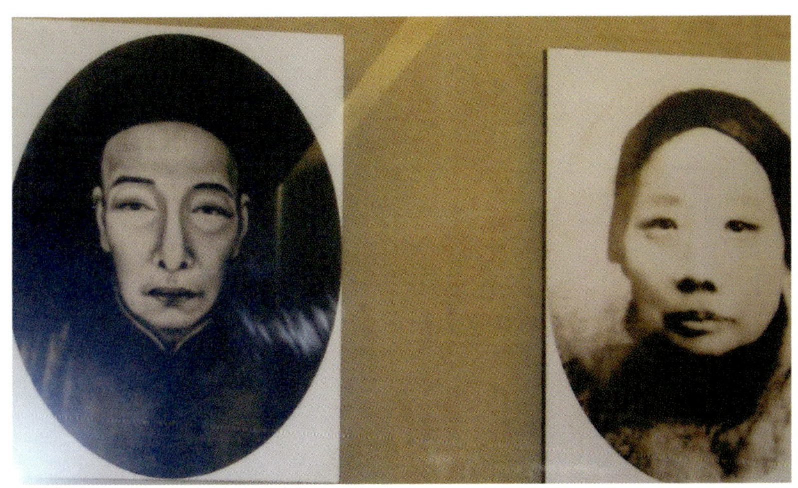

▲ 아버지 저우펑이와 어머니 루뢰이

　1881년 그가 태어나서 1898년까지의 고향 사오싱과 관련한 그에 대한 것들이었다. 루쉰의 고향 사오싱은 동방의 베네치아라 일컬어지는 아름다운 고장이다. 홍수를 다스렸다는 하나라의 우임금과 와신상담의 고사를 남긴 구천, 그리고 내가 대학 일 학년 시절, 한여름 더위를 잊고 열심히 먹을 갈아 아침부터 저녁까지 하루 종일 글씨를 흉내 내던 왕희지를 낳은 곳이기도 하다. 사오싱의 풍경이 담긴 전시물을 보자 더욱 가보고 싶어지는 곳……

　루쉰의 할아버지 저우푸칭(周福淸)과 두 조모의 사진이 보였다. 사진에 보이는 저우푸칭의 두 번째 부인은 장(蔣)씨였다. 저우푸칭이 베이징에서 세 번째 부인을 맞이하자 매우 쓸쓸하게 생활했고 루쉰에게 문학적 기반이 될 많은 이야기를 들려주었다고 한다. 루쉰의 할아버지 저우푸칭은 황실의 공문서를 맡아 보는 한림원 관리로 일했고 벼슬을 사기 위해 대대로 내려오는 많은 재산을 썼다고 한다.

在绍兴 …
In Shaoxing 1881-1898

다음으로 아버지 저우펑이와 어머니 루뢰이의 모습이 보였다. 이 또한 많은 책들을 통해 여러 번 보았던 사진이었다. 1881년 9월 25일에 태어나 집안 어른들의 귀여움을 한몸에 받았던 루쉰은 어머니 루뢰이를 특히 좋아했고 루뢰이는 어린 루쉰에게 장씨 마님보다 더 많은 소설 등을 들려주었다. 그의 이름 루쉰의 '루'도 어머니의 이름에서 따온 것이다.

그리고 사오싱엔 야외극장이 있었고 루쉰은 사오싱 지방 야외극장 공연을 매우 좋아했고 많은 영향을 받았다고 설명한 것을 볼 수 있었는데, 이는 어머니 루뢰이의 취미였고 그의 영향에 의한 것이기도 했다. 루쉰의 외가는 안챠오터우였는데 외가에 가면 또래 친구를 사귀었고 외가가 황푸좡으로 이사 간 후엔 거기서 배를 타고 가 연극 공연을 자주 보곤 했다.

루쉰의 고향과 외가에 대한 추억 또는 기억들은 소설『고향』, 『마을 연극』 등에서 비교적 구체화되어 드러난다. 1921년에 발표한『고향』은 1919년 말 고향에 가서 시골집을 정리하여 베이징으로 이사할 때의 고향 모습을 보여 주고 있다. 고향 사오싱의 옛날과 현재, 친구들, 그 시대의 희망, 그리고 어려움 등을 드러내고 있다. "희망은 본래 있다고 할 수도 없고 없다고 할 수도 없다. 그것은 마치 땅 위의 길과 같은 것이다. 본래 땅에는 길이 없었다. 걸어가는 사람이 많아지면서 그게 곧 길이 되었다"라는『고향』의 유명한 구절이, 사람들의 마음을 오래도록 붙잡아 두기도 한다.

그리고『마을 연극』엔 어린 시절 외가에서 본 사당에 지내는 제사, 연극 구경 등의 기억들이 콩서리 등의 어린 시절 추억과 함께 드러나고 있다. 루쉰의 상당수 소설들이 농촌을 배경으로 하게 하고 또한 성공작이 되게 하는 힘은 어린 시절 고향이 준 커다란 선물이었다. 이는 셰익스피어가 어머니의 고향에서 본 농촌 생활의 기억을 그의 작품 중 농촌 풍경 기술에 즐겨 썼던 것이나 같은 현상이다. 어찌 셰익스피어뿐이랴. 글 쓰는 이에게 어린 시절의 농촌 생활은 창작 에너지를 쏟아내는 무한의 에너지원이다.

소설 『약』에 등장하는 인물은 고향의 여성 혁명가 치우찐을 작품화했고 『쿵이지』와 『내일』에 등장하는 함형주점은 고향의 술집이며 『아큐정전』의 미장 마을, 암자, 사당 역시 사오싱의 것이었다 한다.

고향에서의 어린 시절을 보여 주기 위한 전시물로 사오싱 풍경 사진들에 이어 「산해경」이 보였다. 일곱 살 무렵 루쉰은 서당에 들어가 작은 할아버지뻘 되는 친척에게 글공부를 했다. 그는 란 할아버지라 불렸다. 그는 화초 기르기를 좋아했고 어린 루쉰도 그를 따라 글공부보다 화초 기르기를 더욱 좋아했다.

또한 그는 그림이 있는 책을 무척 좋아했고 이를 본 란 할아버지는 「산해경」에 대한 이야기를 해 주었다. 머리가 아홉 달린 뱀, 머리는 없고 눈이 젖꼭지로 된 괴물, 사람 얼굴을 가진 짐승, 날개를 달고 있는 사람…… 세상엔 없는 온갖 신기한 것들이 산해경에 그려져 있다고 설명했다. 그 말을 들은 후 어린 루쉰은 이 책을 갖고 싶어 밤낮 「산해경」 얘기만 했다. 아무 것도 모르는 일자무식의, 집안 일을 돕던 아주머니마저 이를 알게 되고 그녀가 휴가 갔다가 올 때 그에게 선물로 사다 주어 처음 보게 된 책이었다.

이 책은 그에게 무한한 상상의 꿈을 부여해 주었다. 산해경을 보고 어린 루쉰은 베껴 그리거나 창작해 유사한 그림을 그리면서 나날이 그림 실력을 키웠다고 한다. 그는 그림에 대한 책들을 계속 구입했고 수많은 야사를 기록한 책들을 사고 읽었으며 이들은 훗날 그의 소설을 이루는 또 다른 중심축이 되었다고 한다. 이들은 제3소설집 『고사신편』에 실린 「하늘을 보수한 이야기」, 「고사리를 캐는 사람」, 「출경」 등등 소설들을 이루는 씨앗들이 되었을 것이다. 루쉰은 베이징에 살며 소설사를 대학에서 강의했고 「고소설구침」, 「당송전기집」, 「중국소설사략」 등의 연구서들을 썼는데 이러한 연구 작업을 통해 얻은 해박한 지식들과 후속으로 루쉰 특유의 시대, 문명 비판의 번득임이 크게 추가되기도 하지만……

고향에서의 생활을 보여 주는 코녀의 끝 부분에선, 루쉰이 4년 넘게 매일 가족들이 쓰던 개인 용품이나 소장품을 전당포에 팔아 병든 아버지를 치료하기 위한 약을 사러 다녔던 모습을 보여 주고 있었다. 루쉰의 할아버지가 아버지 저우펑이를 벼슬길에 오르게 하기 위해 돈을 주고 과거 시험 부정을 시도하다 발각된 후 할아버지는 투옥되고 가족들은 뿔뿔이 흩어져 몸을 숨긴다. 루쉰은 어머니를 따라 큰 외삼촌 집에서 지내며 멸시를 당하기도 한다.

집으로 돌아온 루쉰은 전시물에 보이듯 꽝위탕(光裕堂)을 부지런히 오가며 약을 구해 아버지를 간호한다. 자신의 출세를 위해 부정을 도모하다 투옥된 아버지를 생각하다 병든 루쉰 아버지 병세는 쓰러져 가는 가세와 함께 끝없이 위중해지기만 했고 끝내 세상을 떠났다. 이 무렵 루쉰은 과거 시험 준비를 위해 전시물에 보이듯 논어, 맹자를 비롯해 많은 책들을 읽었다. 그리고 서양의 신학문을 접하게 하는 많은 책들도 읽게 된다. 그러나 결국 루쉰은 벼슬길에 오를 수 없음을 판단하고 어머니에게 여비로 팔 원을 받아 난징의 해군학교에 입학하기 위해 고향을 떠난다.

해군학교에 입학한 루쉰은 수업 내용에 취미를 느끼지 못하고 수사학당에서 멀지 않은 곳에 있는 광업철도 학당에 들어가 공부하며 매우 흥미를 느끼고 「화학 위생론」 등을 읽는다. 이 시기(1898년~1902년)를 분류하여 그가 찰스 다윈, 헉슬리 등의 번역서를 읽었다고 설명하고 있었다.

그리고 1902~1909년, 일본 체류 시절을 따로 분류했고 1902년 3월 국비 장학생으로 일본에 유학하게 되었다고 간략하게 설명해 두었다. 일본에 건너간 루쉰은 센다이 의대에 입학하여 공부하게 된다. 그가 의대에 입학한 것은 병든 아버지를 돌볼 때 좀 더 구체적으로 보았던 한의사들의 구식 치료법에 대한 회의 때문이었다. 일본에 가서 서양 의학을 배워 자신의 아버지처럼 잘못된 치료를 받는 사람들의 고통을 덜어 주고 전쟁 시는 군의가 되고자 함이었다. 이런 이유로 하여 현재 일본 센다이 지역에서는 루쉰과 관련한 자료를 모아 관광 자원으로 팔고 있고 입구에서 받아온 안내물에 그에 대해 자세히 기록되어 있었다.

유학 중에 루쉰은 미생물학 시간에 보게 된 풍경 시사물에서 중국인에 대한 슬라이드 필름 화면을 보게 된다. 당시는 러일전쟁 시기였고 러시아를 위해 군사 기밀을 정탐했다는 이유로 건장한 체격의 중국인들이 일본인들에 의해 참수되는 것을 보고 그 학기를 채 종강하기 전 도쿄로 가 버린다. 그는 병을 고치는 것보다 첫 번째 중요한 일은 정신을 고치는 것이라고 생각했기 때문이었다. 정신을 고치는 최고의 방법은 문예라 생각했고 문학 미술을 통한 문예운동을 제창하게 된다.

문예운동을 하기로 결심하고 『신생』이란 잡지를 내고자 했으나 자금 등 문제로 실패한다. 실의에 빠진 루쉰에게 친구가 찾아왔고 그 친구는 그때 『신청년』이란 잡지를 출판하고 있었다. 그의 권유로 『광인일기』를 쓰기 시작했고. 계속 10여 편까지 쓰게 되었다. 그것을 쓴 이유는 당시의 적막한 비애를 몇 마디 함성으로 지르지 않을 수가 없었고 또 그런 적막함 속에서 민족을 위해 앞으로 내닫는 용감한 전사들을 위로하고 그들이 앞을 향해 달려가는데 거리낌이 없게 해 주고자 함이었다. 그래서 단편 소설집 제목도 외침의 뜻인 '납함'이라 부르기로 했다고 후일 『납함』의 서문에 쓴다.

그는 문예 운동에 마음을 기울이고 있을 무렵 결혼을 한다. 어머니의 권유에 의한 것이었다. 결혼을 위해 고향에 온 루쉰은 결혼식을 한 후 아내 주안과 단 하룻밤을 보내고 일본으로 떠난다. 주안과 첫날밤을 보낸 루쉰은 눈물 돋는 슬픈 모습이었다는 기록을 어디선가 읽은 기억이 난다. 전시물 중 하나로 걸려 있는 주안의 사진이 외롭게 걸려 있다. 어둡고 긴 얼굴, 깊이 팬 두 눈을 가진 여인이다. 적막하기까지 한 쓸쓸함 같은 것이 얼굴에 가득했다.

루쉰은 부모님의 뜻을 거역할 수 없었다고 했다. 그리고 결혼할 때 그녀에게 편족을 풀 것, 글을 배울 것 등의 주문을 했었다고 한다. 어쨌든 루쉰의 아내가 된 주안의 얼굴은 외로움이 가득할 뿐인 모습이었고 한 여인의 슬픈 인생이 그녀의 사진 밖으로 어둡게 흘러나오는 듯했다. 루쉰이 말했듯 그녀는 어머니의 며느리일 뿐 그의 아내는 아니었다. 평생을 홀로의 마음으로 살았을 뿐이었다. 그녀의 생년은 1878년, 그러니까 81년생인 루쉰보다 나이도 세 살이나 위였다. 1947년 그녀의 생은 마감된다.

일본에서 문예 운동에 전력을 다했던 그는 이 무렵 친구들과 일본

의 셰익스피어라 일컬어지는 나쓰메 소세키가 살았던 집에 살기도 했었는데 바로 그 집의 전경이 전시되어 있었다.

일본 최초의 국비 장학생으로 영국 유학을 했고 귀국해 『봇짱』(우리나라에선 도련님으로 번역됨) 등 소설을 썼던 그였다. 그리고 『봇짱』은 등장하는 인물들의 재미있는 성격, 부패상 등을 코믹하게 드러내고 있다. 읽다 보면 어느 새 끝 페이지를 만나게 하는 나쓰메 소세키의 재치 있는 문장들이 순간 떠올랐다.

루쉰과 나쓰메 소세키는 서로 닮은꼴이다. 나쓰메 소세키도 루쉰도 국비 장학생으로 외국에 유학했고 귀국 후 사회적 부패상, 문제점들을 소설 등의 재미있는 문장으로 썼던 점에서 그러하다. 물론 사회적 부패상, 문제점 등을 루쉰이 훨씬 강도 높게 말하고 행동으로 저항하기도 했다. 둘 다 고국과 유학 간 나라의 문화, 경제, 사회적 발전

의 차이를 느끼고 그것들을 글로 썼지만 국가적 위협을 느꼈던 조국을 가진 루쉰의 경우는 훨씬 그 강도가 높을 수밖에 없었으리라. 그래서 루쉰은 소설, 논문, 생활 등을 통해 끝없이 강하게 투쟁할 수밖에 없었으리라.

1909년부터 1912년까지의 항주, 사오싱, 난징 시기 전시물 코너에는 고향 근처 항주의 사법학당에 돌아와 생리학 교원을 할 때의 모습을 느낄 수 있는 것들이 있었다. 이십 대 후반의 젊은 얼굴을 한, 귀국 당시 모습 사진이 걸려 있었다. 그리고 경제 문제로 고향에 돌아왔다는 설명도 함께 있었다. 루쉰이 쓰던 생리학 책이 있었고 항주 근처에서 채집한 식물 잎사귀가 은은한 녹빛으로 놓여 있었다. 그리고 그 무렵 수집했던 중국 고전 소설들이 함께 있었다.

그리고 1912년부터 1926년까지의 베이징 생활에 대한 코너에는 교

▲ 귀국 직후 항주에서의 모습

육부 첨사 임명장이 놓여 있었다. 중화민국 원년 8월 21일이라고 임명한 날짜가 적혀 있었다. 그리고 1917년 베이징 대학 총장인 카이 유안 패이가 루쉰을 초대했을 때 루쉰이 디자인한 베이징대학 배지를 볼 수 있었다. 또한 취미 삼아 나도 한 번 가본 베이징의 유리창(琉璃)에 가끔 들러 수집했던 구리거울, 옛 화폐, 도자기, 고서적들을 볼 수 있었다.

루쉰 일기에 의하면 1911년에는 1,011점, 453.38위안어치를 구입했다고 기록되어 있었다. 그리고 『아큐정전』 원본과 내가 읽은 책들에서 자주 본 『아큐정전』을 쓴 집의 사진과 루쉰의 캐리커처와 베이징 시절 썼던 붓, 벼루 등을 볼 수 있었다.

베이징 시절을 보여 주는 여러 물건들 중에서 길이가 아주 긴 연청색 옷과 중간 길이의 연회색 옷을 볼 수 있었다. 연회색 옷에는 머플러가 걸쳐 있었다. 루쉰에 대한 책들을 읽을 때 자주 본 옷들이었다.

그 옷들 오른 편에는 루쉰의 실제 반려자였던 쉬광핑에 대한 전시물이 있었다. 그녀는 1898년생이며 1968년까지 살았다. 그는 당시 베이징여자고등사범대학 중국어과 학생이었으며 1925년 10월부터 루쉰과 서신을 주고받기도 하며 서로의 사랑을 키워 간다.

그녀의 루쉰을 향한 사랑을 쓴 수필, 동행자(同行者)가 놓여 있었다.

핑린(ping lin)이란 필명으로 쓰인 글이었다. wind in my love(风子是我的愛)라 쓴 구절이 선명하게 눈에 들어왔다. 루쉰은 1923년 7월부터 1925년 11월까지 베이징여자사범대학에서 강의했으며 이 무렵 그들의 운명적 만남은 이루어진 것이다. 후에 쉬광핑은 서로 주고받았던 편지를 책으로 출판하기도 한다.

▲ 루쉰의 옷

1926년 린위탕의 초청으로 샤먼(厦門)대학 국문과 교수로 강의하게 되어 루쉰은 샤먼으로 떠난다. 그때 쉬광핑과는 2년 정도 떨어져 있기로 하고 쉬광핑은 광저우로 떠났었다. 루쉰의 샤먼대학 시절은 매우 쓸쓸했고 쉬광핑에 대한 그리움을 쓴 편지를 그녀에게 수없이 보내던 때였다. 베이징보다 모든 면에서 뒤떨어진 샤먼대학 학생들은 루쉰의 강의에 많은 관심을 보였다.

그러나 루쉰 자신은 음식이 다르고 말 또한 잘 통하지 않아 불편을 겪기도 한다. 이 무렵 쉬광핑이 보내는 광저우 소식은 루쉰을 행복하게 하기도 했다. 짧은 기간 동안이어서 그런지 샤먼 시절은 비교적 간략하게 보여 주고 있었다. 내가 몇 년 전에 들렀던 샤먼의 바닷가를 쓸쓸히 거닐었을 루쉰의 모습을 잠깐 상상해 보았다. 2년을 계획하고 샤먼으로 떠났던 루쉰은 1926년 11월 쉬광핑이 있는 광저우의 중산대학으로 초빙된다. 하루에 한 번 또는 두 번 씩 편지를 주고받던 쉬광핑이 있는 광저우로 갈 수 있는 기회를 받은 루쉰은 무척 기뻐했다. 그러나 루쉰은 쉽게 결정하질 못하고 머뭇거린다.

쉬광핑에 대한 그의 사랑을 깊이 생각해 보기도 한다. 그는 이미 일본 유학 시절, 어머니의 권유로 앞에서 말한 주안과 결혼한 사람이었다. 어머니와 전통 사회가 주는 심리적 압력을 받지 않을 수 없었다. 그러한 고민의 나날 동안 쉬광핑에게서는 루쉰을 설득하는 편지가 온다. 지금까지도 낡은 사회, 한 사람, 사회의 유산(아내 주안을 지칭하는 말)을 위해 희생해 왔는데 앞으로도 그를 거부하지 못한다면 시대 현실을 잘 알고 깨달은 농노에 불과하다고 설득한다.

이러한 그녀의 설득에 루쉰은 광저우의 중산대학으로 갈 것을 결심한다. 그리고 그녀를 루쉰의 조교로 채용할 수 있도록 조치를 취한다. 광저우 중산대학 시절에 쉬광핑과 함께 찍은 사진을 바라보았다. 눈에 익은 사진이었다. 1927년 9월의 두 사람 모습이었다. 중산대학으로 옮긴 루쉰에 대한 대학생들의 관심은 대단했다. 그리고 혼란기의 우파, 좌파, 신파, 구파, 루쉰 추종자들 등이 날마다 쉴 틈 없이 그를 찾았다. 학생들은 그를 납치하듯 모셔가기도 했다.

이 무렵 루쉰은 광저우의 열악한 문학적 환경을 위해 북신서옥이란 서점을 열기도 한다. 그리고 쉬광핑의 여동생이 이를 운영했다. 정치적 소용돌이 속에서 감시 검열을 당하는 생활을 하게 되고 결국 중산대학을 떠나게 된다. 이 같은 소용돌이 속에서 둘은 서로 더욱 의지하게 되었고, 그들의 사랑과 믿음은 깊어 갔고 결국 함께 생활하게 된다. 두 사람을 따라다니던 루머, 비판의 눈초리도 그들의 사랑을 머뭇거리게 하지는 못했다. 그리고 둘은 광저우의 소용돌이를 빠져나와 상하이로 향한다.

상하이 시절은 1927년 10월부터 1936년 10월까지였다. 전시물에 1927년 10월 3일에 루쉰이 상하이에 도착했다고 기록해 놓았다. 그리고 베이징의 집에 가서 쉬광핑과의 사이에 대해 말하게 되고 아들을 낳는다. 아들의 이름은 상하이에서 태어났다고 하이잉(海嬰)이라 지었다.

아이를 직접 목욕시키는 등 루쉰의 하이잉에 대한 사랑은 각별했다. 1929년 12월 27일에 찍은 루쉰과 쉬광핑, 아들, 하이잉의 가족 사진을 볼 수 있었다. 아들의 백일 기념 사진이었다. 천진난만한 하이잉의 모습은 후에 하이잉이 아버지인 루쉰 그리고 어머니에 대한 회상의 기록을 쓴 글들을 생각나게 했다. 루쉰이 하이잉을 지나치게 귀여워해 자식을 버릇없이 키운다는 소문이 떠돌기도 했고, 이에 대해 <세간의 비난에 답하다>란 시를 지어 자신의 마음을 토로하기도 했다. 이 시는 1932년 겨울에 쓰였다.

무정하다고 반드시 진짜 호걸은 아닐 터
자식 사랑한다고 어떻게 대장부가 아니리?
바람 일으키며 포효하는 호랑이를 아시는가?
호랑이도 눈을 돌려 제 새끼를 살핀다네

쉬광핑은 매우 검소하고 부지런한 루쉰의 후원자였고 루쉰은 이를 고마워하여 1934년 12월 『개자원화보』 3집 속 표지에 시를 써 넣어 쉬광핑에게 주기도 했다

십 년 동안 손을 잡고 고난을 함께하며
서로 돕고 의지해도 슬픔의 세월이었네

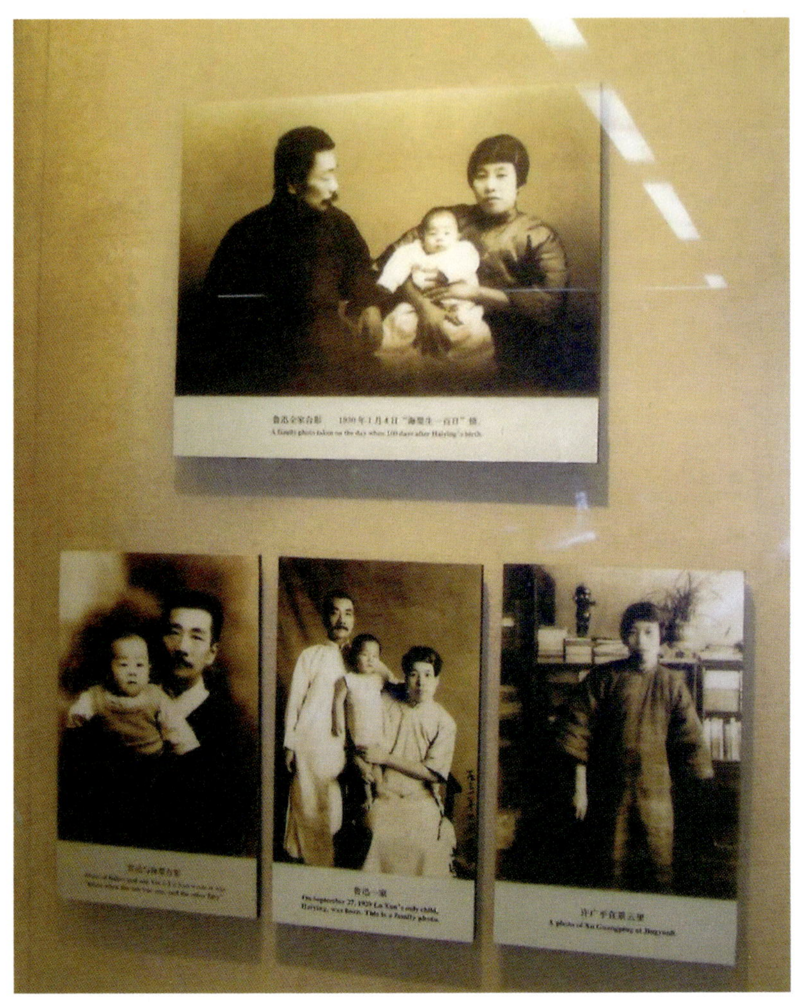

▲ 루쉰과 쉬광핑, 아들 하이잉의 모습

잠시나마 그림 보며 피로한 눈에 기쁨 일고
이 가운데 단맛 쓴맛 우리 둘은 알고 있네

이 시는 1964년 쉬광핑이 장서를 정리하면서 우연히 발견되었고 온갖 어려움을 겪으며 함께해 온 두 사람의 깊은 사랑을 느낄 수 있게 한다.

상하이 시절을 함께했던 안경, 담배, 수술 달린 특별한 모양의 귀이개 조각도 등이 보였다. 모두 루쉰과 쉬광핑 하이잉과 상하이에서의 시간들을 지나 여기까지 와 있는 물건들이다. 물건들은 그들을 쓰던 주인들보다 항상 오래 남아 그 물건을 쓰던 사람이 사라진 다음에도 그들의 그림자처럼 그들이 남긴 여운처럼, 충직하게 남기고 간 사람들의 생활을 오래도록 보여 준다.

쉬광핑의 헌신적 아내 역할에도 불구하고 루쉰은 가끔 쉬광핑의 여성적이고 부드러운 면의 부족함을 느끼곤 했었다 한다. 그러나 그들은 서로 의지해 사는 진정한 동반자였다. 루쉰은 폐결핵을 지병으로 앓았었고, 1936년 10월 19일 새벽에 생을 마친다.

병세가 조금 호전되었던 1936년 9월엔 우연히 「죽음」이란 글을 썼는데 이는 그가 남긴 마지막 글이 되었다. 그가 여기서 밝혔던 일곱 가지 의지와 그의 마지막 모습이 전시되어 있었다. 그리고 56년의 20주기 전시회, 91년 루쉰 110주기 때 강택민의 연설, 1992년 뉴델리 캘커타에서의 루쉰 전 등을 보여 주고 있었다.

전시관을 나올 무렵 아들 하이잉이 썼던 어린 시절 부모의 모습, 생활, 그리고 혼자 남은 쉬광핑의 생활, 쉬광핑의 루쉰을 오래도록 기억하기 위해 하는 온갖 노력들에 대한 기록들이 다시 한 번 스쳐 지나갔다. 쉬광핑의 마지막도 그와 관련한 것에서 비롯되었다.

루쉰 박물관을 다 돌고 나니 어느덧 점심시간이 되었다. 점심 식사를 하기 위해 박물관 앞 거리로 나섰다. 아침보다 많은 사람들이 숨렁이고 있었다. 근처 작은 식당에서 식사를 했다. 중국인들의 식사하는 모습은 매우 떠들썩하다. 그리고 푸짐한 양의 식사를 한다. 식사

시간은 그들에게 작은 축제인 듯싶어 보였다.

식사 후 루쉰 박물관 바로 옆에 있는 루쉰의 옛집을 찾았다. 루쉰 고거(魯迅故居)라고 문패처럼 집에 써 붙여 있었다. 입구에 '北京阜成門內西三条二十号'라 쓰여 있었다. 베이징에 그가 마지막 살았던 집이다. 1924년 5월부터 1926년 8월까지 루쉰은 이곳에 살았다.

집에 들어서자 맨 먼저 눈에 들어오는 것은 라일락 나무였다. 루쉰에 대한 책 몇몇 곳에서 사진으로 보아 오던 바로 그 나무들이었다. 반가웠다. 이 라일락 나무들은 루쉰이 직접 심은 것이라고 했다. 1925년 4월 5일이라고 나무를 심은 날짜가 적혀 있었다.

1926년 8월 샤먼으로 옮겨 가 샤먼대학 교수를 하기 전까지 이곳에 살았으며 1929년과 1932년 11월 베이징을 방문했을 때도 이곳에 머물렀다. 1932년 11월 이곳에 머물면서 대중 강의와 대학 강의를 했으며 오전에 본 박물관에서 그때의 대중 강의 장면을 볼 수 있었다. 이는 베이징에서의 대표적 다섯 강의 중 하나로 꼽히는 것이기도 하다.

루쉰 고거는 세 그루의 라일락 나무를 가진 넓지 않은 마당을 중심으로 한 중국 가옥에서 흔히 볼 수 있는 ㅁ자형 주택이었다. 입구 쪽으로는 하인 방이 있고 입구를 마주 보는 쪽엔 부엌이 있었다. 하인 방 오른쪽에는 전면에 거실을 중심으로 루쉰의 첫 번째 부인 주안과 어머니의 방이 양쪽에 놓여 있었다.

어머니와 주안의 방에는 세숫대야 등 생활용품이 놓여 있었다. 그리고 거실 후면엔 루쉰의 서재가 있었다. 이는 후원에서 유리창을 통해 들여다볼 수 있었고 의자와 책상 필기구 등이 놓여 있었다. 루쉰의 서재 겸 침실(工作室兼卧室)이라고 써 붙여 두었고, 그가 명명했던 방의 이름, 호랑이의 꼬리(老虎尾巴)도 함께 써 두고 있었다. 여

▲ 루쉰 고거

▲ 루쉰 고거 입구

▲ 루쉰이 심어 놓은 라일락 나무

기가 바로 루쉰의 소설집 『방황』과 산문 시집 『野草』 등이 쓰인 곳이
다. 루쉰 고거 안내물에도 그가 여기 머물 때 쓴 『방황』과 『野草』 등
을 소개하고 있었다.

그가 여기 살았던 때 중국은 혼란의 소용돌이 속에 놓여 있었다.
세계열강들의 간섭, 국내 파벌, 군벌 간의 다툼 등 실로 불안정한 때
였다. 지식인으로 춘추전국시대 초나라의 충신, 굴원을 떠올리며 소
설집의 서문을 쓰기도 했다는 그 소설집이다.

서재가 들여다보이는 후원은 좁은 골목 같은 후원으로의 통로 끝
에 있었다. 우물은 이제 더 이상 물을 길어 올릴 수 없고 루쉰의 서재
도 더 이상 글을 생산하는 곳이 아니었다. 침묵만 있을 뿐이다. 라일
락과 함께 1925년 4월 25일 루쉰이 심었다는 큰 나무 두 그루만 잔가
지 많은 푸른 잎들을 바람에 펄럭이고 있었다. 후원을 나와 다시 라

일락 나무가 서 있는 앞뜰로 나왔다. 부엌이었던 건물 안쪽에선 잡담하는 여인들 목소리가 루쉰의 집이 가진 고요를 깨고 있었다.

루쉰의 집을 나서며 안내물을 다시 들여다보았다. 루쉰과 어머니와 아내 주안의 얼굴이 나란히 놓여 있었다. 어머니의 주선으로 일본 유학 시절 잠시 귀국하여 했던 결혼, 그것은 둘의 삶을 구속하는 구습의 장치에 불과하지 않았던가. 그러나 이 집에 살 무렵 만나 평생의 실제 반려자였던 쉬광핑의 모습은 안내물에선 찾아 볼 수 없었다.

루쉰 고거를 나와 뒤쪽 골목을 걸었다. 골목 안쪽엔 사람들이 모여 푸성귀, 곡식, 생활용품 그리고 토끼, 고양이, 닭 등 다양한 동물을 사고 팔고 있었다. 루쉰이 가끔 산책했었을 골목길은 햇살 속에서 지금도 생생하게 살아가고 있었다.

그림자 카펫을 밟고

마쓰야마, 도고온천, 봇짱열차, 나쓰메 소세키,
마사오카 시키

겨울의 끝, 얼음이 녹아내린 틈새로 봄이 살짝 세상을 엿보는 이월, 꽃들의 딸들은 이제 또 꽃을 낳아 주기 위해 꽃배가 맘껏 불룩해졌다. 이월은 만삭에 가까운 꽃의 배가 기다림의 시간 속으로 부풀어 오르는 때. 나는 또 이 아름다운 봄에 무엇이든 만나러 가야 할 모양이다. 옷에 내린 눈을 털듯 겨울을 털어 내고 크리스털 산데리아보다 빛나는 봄볕 속에서 봄의 미소를 만나리라. 영원히 다시 피는 봄이 만들어 주는 길을 따라 찬란하게 번져가고 있는 봄의 몸속으로 걸어가면 생각들이 분홍빛 스파크를 일으키며 서로 말하리라.

오전 열한 시에 만났던 히로시마 국제공항을 뒤로하고 세토 내해의 (열 개 섬을 잇는 아홉 개의 대교를 연결한) 시마나미 해상 도로를 달린다. 바다가 봄날의 실루엣을 물결 위에 펼쳐 놓고 달콤한 미소를 짓고 있었다. 겨우내 목마르게 기다리던 봄이 여기엔 벌써 많이 와 있었다. 살포시 높아진 바닷가 언덕엔 매화가 연짓빛 옷매무새를 바람결에 날리고 있었다. 목마처럼 회전하는 사계절, 매화는 벌써 봄의 목마 위에서 수줍은 왈츠를 추고 있었다. 구루시마 해협 전망대 근처의 기념품 가게에선 키 작은 흰 살빛 아가씨가 귤 같기도 오렌지 같기도한 과일을 팔고 있었다. 그건 그 과일이 보았던 많은 날들의 향과 즙을 짜 넣어 둔 노란 향수 항아리 같아 보였다. 향수를 사듯 과일 몇 알을 샀다. 향긋한 과일은 대지의 즙을 한 모금씩 마시게 하는 봄날의 술잔이었다.

바다와 섬들, 꽃들, 과일들이 등 뒤로 지나가고 솔숲 우거진 언덕을 가진 마쓰야마가 기다리고 서 있었다. 세토 내해에 떠 있는 나카지마 섬에서 다카나와 산계의 넓은 들판 평야를 지나 시게노부가와 강과 이시테가와 강이 만들어낸 마쓰야마 평야 위의 마쓰야마 시에 오후가 지나가고 있었다. 솔숲 사이의 야산 좁은 골목의 틈새엔 마쓰야마 시의 상징화인 붉은 동백꽃이 봄 길 위에 놓인 징검다리처럼 드문드문 피고 있었다. 봄이 열어 놓고 나온 동백꽃 방엔 방글방글 웃고 있는 천진난만한 아기의 웃음 같은 시간의 물결이 살랑살랑 일고 있었다.

호텔에 짐을 풀고 일본식 저녁을 먹었다. 일본 요리를 먹는 것은 먹는 게 아니라 까맣게 잊었던 어릴 적 소꿉장난을 하는 것 같다. 앙증맞은 예쁜 그릇들엔 맛있는 소꿉장난이 재미있게 담겨 있었다. 멀리 흘러간 시간의 강물이 다시 돌아와 마음의 계곡으로 흐르고 있었다.

어둠이 살포시 내려오는 비스듬한 언덕을 걸어 내려가 도고온천에 닿았다. 일본의 최고 역사를 가진 도고온천은 목조 3층 누각을 어두워 가는 중간 하늘 위에 얹어 놓고 있있다. 1894년에 지어진, 온천 건물로는 최초로 국가 중요 문화재가 된 건물이라 했다. 불빛 속에 드러난 누각의 지붕은 역사의 치맛자락을 반공중 가에 드리우고 있었다. 3,000년 역사의 일본 최고 온천인 이곳 도고온천은 다리를 다친 백조가 솟아 나오는 온천물에 의해 완치되었다는 전설을 가지고 있다. 미야자키 하야오 감독의 만화 영화 '센과 치히로의 행방불명'의 모티브가 되기도 했다.

본관 동쪽엔 황실 전통 온천 유신덴이 있었다. 1899년에 건립한 우아한 건물로 금니화가 사방에 그려져 있고 고라이배리라는 문양으로 가장자리를 장식한 다다미가 깔려 있었다. 그리고 욕조는 화강암으로 되어 있었다. 일본의 셰익스피어라 일컬어지는, 사람들이 자랑스럽게 여겨 천 엔짜리 지폐에서도 그의 얼굴을 볼 수 있던 나쓰메 소세키가 마쓰야마 중학교에 교사로 근무할 때 이곳 도고온천을 자주 찾았다고 한다. 그래서 봇짱의 작가 나쓰메 소세키의 방이 따로 있었다.

온천욕을 위해 탕 안으로 들어섰다. 푸른빛이 약간 도는 맑은 온천수가 끝없이 흘러내리고 있었다. 벗은 몸들이 물속의 평화를 입고 막

▲ 도고 온천 입욕권의 온천 모습

핀 흰 목련처럼 웃고 있었다. 피로들이 온천수에 녹아 떨어져 나가며 '그동안 미안했어요, 힘들게 해서'라고 말하는 듯했다. 오랜 역사를 가진 고풍스런 탕 안의 모습은 부드럽고 따뜻한 품으로 사람들 아픔을 씻어 주는 성자 같기도 했다.

온천욕을 마치고 2층으로 올라갔다. 2층엔 편안한 유카타 차림으로 이곳의 명물인 봇짱 당고를 즐기며 쉴 수 있는 휴게실이 있었다. 내 옆에 자리한 동경에서 왔다는 중년 부부와 잠깐 이야기를 나누었다. 주말여행을 왔다는 얼굴이 동그란 예쁜 아내는 오래전부터 오고 싶었던 도고온천에 오니 니무나 행복하다고 했다. 봇짱 당고와 따뜻한 녹차에 녹아드는 고풍스러운 정취는 정신을 위한 사치로 충분했다. 난간에 나가 내려다본 풍경은 시대를 넘어 마음으로 가 볼 수 있는 옛날의 거리를 만들어 주고 있었다.

거리로 나왔다. 도고온천 앞 한편엔 『봇짱』에 등장하는 인물들의 인형들이 모여 있었다. 봇짱에 등장하는 '나는' 어려서부터 타고난 막무가내 말썽꾼이다. 목수 집 아들 가네코우와 생선 가게 아들 가쿠와 함께 당근 밭 위에 깔린 짚 위에서 스모를 하느라 뒹굴어 당근들을 모조리 뭉개버리고 후루카와 씨네 우물에 잡동사니들을 처넣어 막아버려 혼이 나기도 했다.

학교를 졸업하고 시코쿠에 있는 한 중학교의 수학 교사가 된다. 근엄한 교장 선생님, 문학사를 전공한 여자처럼 애교가 넘치는 닭살이 돋을 것 같은 목소리의 빨간 셔츠만 입고 다니는 교감 선생님(별명: 빨간 셔츠), 고가라는 퉁퉁한 몸에 푸른빛이 도는 얼굴을 가진 영어 선생(별명: 끝물 호박), 무례해 보이는 수학 선생을 만나고 그에게 거센 바람이란 별명을 붙인다. 또한 도쿄가 고향이라는 하늘하늘한 비단옷에 부채를 펼쳐 든 미술 선생을 만난다. 그리고 첫눈에도 고리타 분해 보이는 한문 선생을 만난다.

크게 기대하지 않았던 시골 학교였지만 일찌감치 학교에 싫증이 났고, 어느 날 어슬렁어슬렁 오마치라는 곳을 산책하다가 도쿄식 메밀국수라는 간판을 보고 튀김국수 네 그릇을 시켜 먹다가 자기 학교 학생들을 만났고, 다음 날 학교에 가서 학생들에게 놀림을 받는다. 며칠 후 스미다라는 곳에 가서 온천을 하고 유명한 가게에 들려 경단을 먹는다. 다음날 수업에 들어갔을 때, 또 아이들이 '경단 두 접시 7전', '유흥가에서 먹은 경단 맛있어, 맛있어'라고 칠판에 써 붙이고 놀려댄다. 그리고 얼마 후엔 '빨간 앞치마'란 별명이 붙어 학생들로부터 놀림을 당한다.

근무지가 있는 지역이 온천 하나는 정말 좋았고 그는 여기 근무할 때 온천이나 실컷 하고 가야겠다고 생각하고 저녁 먹기 전 운동 삼아 매일 온천에 간다. 온천에 갈 땐 물에 젖으면 빨간색으로 보이는 줄무늬가 있는 타월을 항상 허리에 달고 간다. 그는 기차를 타든, 걷든 온천에 갈 때마다 빨간 줄무늬 수건을 허리에 달고 다닌다.

그래서 '빨간 앞치마'란 별명이 붙어 학생들로부터 놀림을 당한다. 드디어 학생에게 모범을 보이지 못했다는 이유로 교장 선생님(별명: 너구리)으로부터 품위 없는 장소 출입을 자제해 달라는 경고의 말을 듣는다. 빨간 셔츠가 또한, 중학교 선생님은 사회 지도층으로 단순한 물질적 즐거움만 추구해서는 안 된다고 하자 "그럼, 마돈나를 만나는 건 정신적인 즐거움입니까?" 하고 말 막음을 하기도 한다.

어쨌든 나쓰메 소세키의 소설 봇짱(도련님)은 단순하고 막무가내인 동경의 도련님이 시골 중학교에 부임해서 겪는 세상 배우기를 그린 작품이다. 웬만한 코미디보다 재미있는 대목들이 속출하는『봇짱』은 읽는 재미에 한 페이지씩 넘기다 보면 어느덧 소설이 끝난다. 오늘, 도고 온천 앞에서 만난, 빨간 수건을 들고 서 있는 빨간 치마란 별명의 나(봇짱, 도련님), 그리고 너구리, 빨간 셔츠, 마돈나, 끝물 호박, 알랑쇠, 거센 바람 등의 별명으로 불리는 교장, 교감, 교사, 학생들 사이에서, 다시 한 번 소설 속 이야기가 생생하게 일어나고 있는 듯했다.

빨간 수건을 들고 혼자 서 있는 봇짱과 한 번, 봇짱 경단을 들고 있는 봇짱과 소설 속에 등장인물들 틈에 끼어 다시 한 번 사진을 찍었다. 그리고는 마돈나 호프집을 지나 다시 도고 온천 건물 맞은 편 골목으로 걸어나갔다. 조금 전 온천 2층에서 먹던 봇짱 단고를 파는 가게에 들러 입에서 녹는 듯한 단맛을 즐겼다. 그리고는 준비한 식료품, 과일, 기념품 가게들의 끝에서 튀김을 얹은 메밀국수를 먹었다. 소설 봇짱이 한꺼번에 네 그릇을 먹고 놀림을 받았던 바로 그 튀김 국수였다. 소설 속 이야기를 떠올리며 먹는 튀김 국수는 한결 맛있게 느껴졌다.

메밀국수 집을 나와 조금 더 걸으니 지나가는 누구나 무료로 즐길 수 있는 길가의 족탕에 사람들이 몇몇 모여 따뜻한 온천수에 발을 담그고 족욕을 즐기고 있었다. 이미 도고 온천을 다녀왔지만 다시 한 번 발을 담가 족탕(호조엔)을 즐기는 사람들 틈에 끼어 앉았다. 사람들은 하나둘 온천수에 발을 담그고 원형의 물가에서 도란도란 얘기꽃을 피웠다. 메이지 시대에 쓰던 대형 물 솥에서 흘러나오는 호조엔 온천수에 발을 담그고 시간을 물처럼 흘려보내는 것도 색다른 체험이었다. 호조엔 앞에 있는 봇짱 인형 시계에 나타나는 봇짱 인형을 보는 것 또한 재미있었다. 이 인형 시계는 1994년 도고 온천 본관 100

주년을 기념하여 만들었으며 아침 여덟 시부터 밤 열 시까지 매 시 정각, 시계 속에서 나쓰메 소세키의 소설『봇짱』속 등장인물 인형들이 나타난다.

다음 날 호텔에서 아침 식사 후 일찍 봇짱 열차를 타러 갔다. 여덟 시 오십오 분에 출발하는 첫 기차는 너무 일러 두 번째 출발 시간, 아홉 시 사십 분에 맞춰 아홉 시 이십 오분에 도고 온천역에 도착했다. 그리고 300엔을 내고 티켓을 샀다. 아홉 시 삼십 분쯤 봇짱 열차가 왔다. 초록빛에 빨간 선을 장식한 예쁜 기차였다. 앙증맞은 장난감 같은 기차는 나쓰메 소세키가 마쓰야마 중학교 교사로 부임하여 도고 온천을 자주 다니면서 탔던 그대로의 기차라 했다.

풍풍 연기를 뿜으며 달리는 초록빛 기차 안에 드디어 탔다. 제복을 입은 남자 승무원이 친절하게 맞이했다. 폭이 이십 센티쯤 되는 좁고 긴 의자에 앉았다. 너무 좁아 다소 불편한 의자였지만 아마도 옛날 그대로를 유지하기 위해 옛날 그대로 둔 모양이었다. 소설 속의 '나'가 저녁 식사 전 매일 운동 삼아 온천에 가기 위해 빨간 줄무늬 수건을 허리에 달고 탔던 바로 그 기차다. 빨간 앞치마란 별명을 달게 된 주인공과 나쓰메 소세키의 모습이 오버랩되었다. 소설 속에서 '나'가 기요의 편지를 읽느라 온천에 가는 시간이 조금 늦어진 어느 날, 그때도 빨간 수건을 허리춤에 매달고 기차를 기다리다 끝물 호박을 만난다. 그리고 끝물 호박이 연모하는 마돈나도 만난다. 결국 빨간 셔츠가 가로챘다고 하는 그 마돈나와 끝물 호박을 만나고 온천으로 타고 갔던 바로 그 기차가 도고 온천역을 출발하여 마쓰야마 시 역으로 향해 지금 달리고 있다.

아홉 시 오십 분쯤 한 번 서고 아홉 시 오십육 분쯤 마쓰야마 시

역에 도착했다. 도고 온천 역에서 약 이십 분 동안의 봇짱 열차 여행은 소설을 다시 읽고 있는 것 같은 시간이었다. 소설 봇짱을 타고 달리는 이십 분은 아쉽고 짧기만 했다.

열차에서 내리자 건너편에 이시테가와 강이 흐르고 강변으로 벚꽃이 가득 피어 서 있는 풍경이 보였다. 강변의 꽃 따라 걷고 싶었지만 가 보고 싶은 곳이 많아 바쁘게 지도를 따라 걸었다. 몇몇 사람들에게 길을 물었지만 영어로는 의사소통이 쉽지 않았다.

정보도 얻고 마쓰야마의 관광 홍보 자료도 받을 겸 시청을 방문했다. 시청 입구엔 예쁜 안내원 아가씨들이 친절하게 설명해 주었다. 사람들이 가득하고 저마다의 볼 일에 바쁜 시청 건물은 제법 컸다. 안내에 따라 마쓰야마 시 홍보 담당자를 만났다. 그는 영어를 잘하는 삼십 대 후반쯤의 남자 공무원이었다. 보도 자료로 제작한 마쓰야마의 관광 자원을 소개한 영상물을 선물로 주었고 내게 필요한 여행 정보도 자세히 설명해 주었다. 오늘도 여행 도중에 또 한 명의 고마운 사람을 만났다. 내가 가졌던 수없이 많은 여정에서 만났던 사람들의 얼굴들이 하나 둘 다시 떠올랐다. 내 여행의 절반은 그들이 도와준 것이다. 마음속으로 그 고마운 많은 사람들에게 한 번 더 '감사합니다'라는 말을 건네고 마쓰야마 시청을 나섰다.

시청에 들르기 전, 한 떼로 몰려 내려오던 장난기 어린 남학생들이 나쓰메 소세키가 영어 교사로 근무하던 학교의 학생들 생각을 하게 했다. 그들은 소설 봇짱 속의 말썽꾼, 익살꾸러기 모습을 그대로 하고 있었다. 서울이나 대도시에서는 만나기 어려운 귀한 부끄러움을 얼굴에 가진 장난꾼 소년들이었다.

소설 속의 '나'를 튀김, 메밀국수, 빨간 앞치마라 놀려댔던 얼굴과 몸짓이 여기 다시 장난치고 웃고 수줍어하고 떠들어대고 몰려다니고 있는 것이다. 마쓰야마 중학교 유적을 찾았다. 시청에서 멀지 않은 곳, 학생들이 쏟아져 나오고 있었다.

여기가 마쓰야마 태생, 일본, 아니 세계적으로 유명한 하이쿠의 대가, 마사오카 시키가 공부했고 소설 『봇짱』을 쓴 나쓰메 소세키가 영어 교사를 하던 곳이다. 보통 학교와 별다름이 없었지만, 그들의 글을 읽은 나에겐 특별한 의미를 주는 학교일 수밖에 없는 곳이다. 소설처럼 그들이 학생이었던, 그들이 영어교사였던 현실들이 오래전부터 소설 속 현실이 되고 있었다.

2000년 6월 아사히신문이 실시한 1001년부터 2000년까지 천 년을 마무리하면서 천 년을 이끌어온 각 분야의 가장 인기 있었던 사람들을 뽑는 인기투표에서 문학 분야로는 나쓰메 소세키가 1등을 차지했었다고 한다. 그는 1867년 도쿄에서 태어나 전 생애 동안 메이지 유신시대를 살았다. 1893년 도쿄제대 영문과를 졸업 후 도쿄고등사범학교, 1895년 이곳 마쓰야마 중학교 교사를 거쳐 큐슈의 구마모도 제5 고등학교 교사를 지냈다. 그러던 1900년 가을, 문부성 제1회 국비 유학생으로 영국에서의 유학 생활을 마치고 동경제대 강사를 지냈다. 그리고 『나는 고양이로소이다』, 『봇짱』 같은 유머 감각이 돋보이는 문명 비판적 소설을 쓰던 나쓰메 소세키가 아사히신문사 측의 파격적 조건의 제안을 받아들여 1907년, 아사히신문 소설 기자로 자리를 옮긴다.

당시 아사히는 판매 부수를 늘리기 위해 소설가를 기자로 채용해 판매 부수를 올렸던 요미우리신문의 판매 전략에 대응할 작가가 절실히 필요했고 이때 나쓰메 소세키는 가장 적격의 대안이 되었었다.

요미우리신문이 기용한 오자키 코요의 「금색야차」에 대적하기 위해 소세키는 입사 후 「우미인초」를 썼고 연재가 진행되자 우미인초 귀걸이, 우미인초 목욕 가운이 유행되었고 나쓰메 소세키의 특강은 특유의 유머 섞인 화술 때문에 대단한 인기를 끌었다고 한다. 그는 일본 근대 문학의 상징, 일본 근대 문학의 아버지로 불리고 열두 편의 장편과 삼십여 편의 단편 소설, 수많은 수필, 편지들을 남겼다. 문득 말라르메의 명편 「바다의 산들바람」이 생각난다.

육체는 슬프다, 아! 나는 모든 책을 다 읽어버렸다
가자! 저 멀리 떠나버리자! 새들은 벌써
낯선 물거품과 하늘 사이에서 취하였구나!
두 눈에 어리는 오래된 정원도, 그 무엇도
바다에 빠져드는 이 마음을 붙잡지는 못하리
아 밤마다! 백색이 지키는 텅 빈 종이
그 위에 비추던 내 등불의 황량한 불빛도,
어린아이 젖 먹이는 젊은 아내도, 그 아무것도
나는 떠나리라! 기선이여, 돛의 균형을 맞추며
이국의 자연을 향해 닻을 올려라!
한 가닥 권태는 잔인한 희망들에 시달리고도
손수건들의 마지막 작별을 아직 믿는구나!
아 어쩌면 저 돛대들은 폭풍우가 몰려들면
바람에 쓸려 난파하는 자들의 것이리라
항로를 잃고, 돛대도 없이, 돛대도 없이, 풍요의 섬도 없이……
그러나 아, 내 마음이여, 사공들의 노랫소리를 들어라!

폴 발레리도 형식의 완벽함과 세련됨을 통해 감탄할 작가의 기량을 드러내고, 형식의 충만 함을 드러내며, 더 다른 것을 바라기가 불가능한, 완성된 시구들을 구성하고 알리려는 품위 있고 보람찬 의지를 증언하고 있다한 「바다의 산들바람」, 특히 '백색이 지키는 텅 빈 종이'란 구절이 선명하게 다시 떠올랐다.

그리고 나쓰메 소세키의 소설 문조(文鳥)가 생각났다. 아무도 얼씬 거리지 않는 나의 서재, 밥 먹는 시간 외는 모든 시간을 소설 창작에 쏟는 소설 속의 '나'는 제자 미에기치의 권유로 문조를 기른다. 글쓰기의 간힘, 고독, 치명적 어려움은 깊어만 갔다. 어느 날 문조는 죽고 '나'는 잘 써지지 않는 소설을 붙잡고 씨름하고 있다. 글쓰기에 갇혀 치명적 고독에 잡혔던 나쓰메 소세키는 신문에 「명암」을 연재하던 1916년생을 마감했다.

모든 이름을 남긴 시인, 작가들의 글쓰기는 치열한 그리고 고독한 간힘이었다. 야스나야폴랴나의 집필 중인 톨스토이의 서재는 아내에 의해 철저히 출입이 통제되었고, 빅토르 위고는 스스로 글쓰기를 위해, 그리고 밖으로의 유혹을 막아내기 위해 자루 같은 옷을 뒤집어쓰고 작품을 썼다고 하지 않았던가? 그것은 글쓰기의, 고독의 성 안으로 깊이 들어간 누구도 예외일 수 없는 고통스러운, 행복한, 숙명적 간힘임에 틀림없다.

시키도, 하이쿠의 시인 마사오카 시키(1867~1902)가 열일곱 살까지 살았던 집을 찾기 위해 발길을 돌렸다. 거기엔 시키가 쓰던 책상, 사진 등의 물건들이 잘 정리정돈 되어 있었다.

한참을 헤매기도 하고 수없이 많이 물어보며 다닌 하루가 늦은 오후로 접어들어 가고 있었다. 네시 삼십 분, 시간은 흘러가고 행복한 피로가 몸에 와 감겨들기 시작했다. 오늘도 내 여행을 도와준, 언제 만나도 미안할 정도로 친절하고 예의 바른 일본 사람들에게 감사한 마음을 새삼 가지며 길옆 작은 카페에 들어갔다.

창밖으로 보이는 이른 봄날의 마쓰야마 시내는 이제 막 피어오르는 한 송이 벚꽃 그대로였다. 창밖으로 지나가는 사람들을 바라보았다. 내 생애 단 한 번만 스쳐 지나가며 한순간만 만나는 사람들이 낯선 강물처럼 흘러가고 있었다. 모르는 사람들은 아무리 가까이 있어도 새나, 토끼나, 사슴이나, 벚꽃이나 하나도 다를 것이 없는 낯선 그 무엇일 뿐이다. 그래도 여행 중 가장 재미있고 흥미로운 것 중의 하나는 새로운 공간에서 서로 모르는 만남을 구경하는 일이다.

문득 내가 가진 시간으로는 저렇게 많은 사람들을 다 알 수 없고 다 만날 수 없음을 생각했다. 거울 속 존재인 양 만질 수 없는 사람들이 가까이 왔다가는 멀어져 가고 있었다. 사람들이 사람들 속으로 끝없이 사라지고 있었다. 봄날의 오후 다섯 시도 사람들 속으로 끝없이 사라지고 있었다. 사라지는 것들이 저녁으로의 길을 내고 있었다. ‘좀 더 가까이 오세요’라고 밤이 모든 것들의 귀에 속삭이는 시간을 따라 숙소로 향했다.

다시 하루가 왔고 새로운 낯선 것들이 다시 그리워 길을 나섰다. 시키 박물관을 향해 걷기 시작했다. 도고 온천에서 오 분 거리에 있는, 비스듬한 언덕에 자리한 마쓰야마 시립 시키 박물관은 짙은 회색 지붕을 이고 있는 4층 건물이었다. 입장료 400엔을 내고 들어서자 안내원이 친절하게 맞이했다. 1981년 마사오카 시키를 통해 많은 사람들이 마쓰야마의 전통 문화나 문학을 이해하여 새 문화 창조에 이바지할 수 있게 하기 위해 건립했다는 박물관이었다. 지적인 레크리에이션, 학생들의 과외 활동, 연구 기관, 관광지, 하이쿠 등 전통 문학 교육 등을 위한 박물관이었다. 도고 공원(유즈키성 유적: 중세 이요지

방의 지배자였던 고노 가문의 거성, 자료관, 복원된 무사의 저택이 있고 벚꽃 놀이의 명소이기도 함)과의 조화를 위해 메이지 시대적 느낌의 건축이라고 했다.

지붕엔 동판을 사용했고 창고 같은 느낌을 주는 건물 입구와 2층 창의 격자 문양은 마사오카 시키가 주축이 되어 만들었던 하이쿠 잡지 「호토토기스」의 표지에서 따온 것으로 시키문학의 상징물이라고 했다. 메이지 시대를 살고 또한 그 시대를 만들었던 시키의 문학과 그의 생애를 재구성하여 실물 자료, 복제품, 영상 등을 전시했으며 그의 생애와 시키 시대를 이해하기 쉽도록 테마별로 보여 주고 있었다. 그리고 고도 마쓰야마의 역사, 시키와 그 시대, 그가 추구한 세계 등의 테마로 나누어 전시하고 있었다. 그리고 시키와 향토 관련 자료 수집, 보존, 연구를 통한 세미나, 특별전, 하이쿠 교실, 단가 교실 등을 운영한다고 했다.

층층이 오르면서 볼 수 있는 마사오카 시키의 시대, 역사, 시키의 문학과 생애는 그의 시대와 문학 이해를 위해 정말 좋은 자료들이었다. 도고마쓰야마의 역사(1층)는 전승의 에히메, 고대인의 미, 만요 시대, 중세 문화 및 이요 등으로 분류 전시되었고, 시키와 그 시대에서는(1층) 시키의 성장 과정, 청운의 뜻, 청춘을 건 날들, 저널리스트 시키, 영상으로 보는 메이지의 숨결, 명작 『봇짱』과 마쓰야마, 그 당시의 마쓰야마 등을 나누어 상세 전시 설명하고 있었다. 시키와 회화, 음식 등까지의 다양한 영상물(각각 약 6~10분 정도)은 시키의 문학 생애, 그가 좋아했던 음식까지 한눈에 볼 수 있게 보여 주고 있었다.

3층 제2전시실의 시키가 추구한 세계에서는 시키의 발자취(연보), 두 명의 문호, 투병 중 문학적 결정, 고통을 넘어, 시키와 함께, 특집 코너, 시키와 베이스볼 등으로 나누어 전시 설명하고 있었다. 그리고 나쓰메 소세키가 52일 동안 기거했던 암자 구디부쓰안도 복원해 놓았다.

짧은 시 쓰기를 좋아하는 나로서는 시키의 문학관 구경은 특별난 재미를 느끼기에 충분했다. 한국에서 번역본으로 시키의 하이쿠들을 읽어왔지만, 그의 박물관에 와서 직접 그가 쓴 글들을 보고 관련 영상, 자료를 보는 것은 또 다른 즐거움을 맛보게 했다. 내가 처음 하이쿠를 만난 것은 이십대 후반, 에즈라 파운드의 『캔토스』를 읽던 어느 순간이었다. 파운드는 중국의 고사, 한자, 인물 등의 중국 문화에 대해 깊이 이해하고 있었다. 그들이 에즈라 파운드의 글쓰기 기법으로, 테마로 들어와 있는 것은 무척 흥미로웠고 일본의 하이쿠 또한 그의 시에 들어와 새로운 시가 되고 있었다.

마사오카 시키에 의해 일본의 하이쿠는 전환기를 맞이했으며 홋쿠가 하이쿠로 개칭되었고 그는 하이쿠를 일본 시단의 중요한 위치에 올려놓았다. 시키는 이곳 마쓰야마 시에서 태어나 도쿄대 철학과를 입학했고 국문과로 옮겼고 신문사에 입사했고 그 무렵 하이쿠 혁신을 적극적으로 주도하였으며 청일 전쟁 때 종군 기자가 되어 활약하기도 했다. 결핵으로 각혈이 심해지는 등 병고에 시달렸지만 지속적으로 적극적 문학 활동을 했고 그림도 그리기 시작했다.

박물관의 인쇄물로 또는 영상으로 본 마사오카 시키의 하이쿠와 그림이 마음에 닿아 계속 울림을 주고 있다. 이곳저곳에서 보고 느끼는 시키의 하이쿠와 그림이 말하지 않고 말하는 사람을 생각하게 한다. 조금만 말하고 그림으로는 언어를 숨기고 표정을 짓고 있는 마사오카 시키의 말이 길고 조용하게 들려오고 있었다.

감을 먹으면 종이 울리네. 법륭사

석양이구나. 사람 소리 깃드는 온천 연기

화창하구나 하늘을 바라보네. 통증 후

가을바람이 수세미 꽃을 불어 떨어뜨리네.

자네를 보내고 그리워 모기장에서 우네.

　시간의 흐름에 따라 설명하는, 작품들의 맨 끝 설명지에서 읽었던, 다시 읽었던, 마지막 세구(緖筆三句)가 마음 아리게 맴돈다. 열정적이고 짧은, 삶의 내내 병을 지고 다녔고 그 무게에 눌려 생의 마지막을 맞으며 쓴 시, 세 편이 설명지 위에 나란히 놓여 있었다.

　　① 수세미 피고 담이 막혀 죽은 자인가
　　② 담한 되 수세미 즙도 소용이 없고
　　③ 그저께의 수세미 즙도 취하지 못하고

　1902년, 수세미 피는 9월 18일, 절필 세 구를 쓰고 몇 시간 후인 다음 날, 19일 새벽 생을 마감했다고 설명하고 있었다. 병고의 신음과 신음 사이로 고통과 고통 사이로 새어 나온 절구가 결코 멀지 않았던 마사오카 시키의 길 끝에 놓여 있었다. 다시 계단을 내려와 입구에 있는 기념품 가게에 들렀다. 마사오카 시키의 시집,

▲ 나쓰메 소세키의 사진엽서

그림, 그림엽서들이 있었고 그의 친구였던 『봇짱』의 나쓰메 소세키 책, 그림이 함께 있었다.

▲ 마사오카 시키의 그림엽서

▲ 마사오카 시키의 그림엽서들

1889년 1월 마사오카 시키와 나쓰메 소세키는 서로 알게 되었다. 장학생이 된 나쓰메 소세키가 쓴 하이쿠를 시키에게 보여 주었고 마쓰야마 중학교 교사가 된 그는 하이쿠 쓰기에 더욱 열중하기도 하였다. 마사오카 시키의 그림과 나쓰메 소세키의 사진(당시 28세 마쓰야마 중학교 재직 중) 그리고 마사오카 시키의 얼굴을 그린 엽서 몇 장을 사 들고 박물관을 나섰다.

다시 비스듬한 언덕을 내려오며 생각했다. 마사오카 시키 나쓰메 소세키는 크고 진하고 지워지지 않는 아름다운 그림자를 남기고 간 사람들이라고. 그들이 남긴 그림자를 카펫 삼아 언덕을 다 내려온 길목엔 어린 벚꽃들이 영원히 지지 않을 것 같은 생생한 얼굴로 웃고 있었다.

길을 바꾸어 마쓰야마 성에 올랐다. 이 고장 가장 정수리에 서서 내가 처음 여기 왔을 때, 맨 먼저 눈길 마주친, 일본을 대표하는 연립식 평지성을 보기 위해서다. 전술적으로 중요한 역할을 한다는 수많은 문들, 중요 문화재라는 가쿠레 문, 도나시 문, 시치쿠 문, 이치노 문, 니노 문, 산노 문, 시키리 문 그리고 무슨 문 무슨 문을 지나 성에 들어서자 매화와 벚꽃이 먼저 반겼고 천수각에서 바라본 바다와 마쓰야마 시내는 지금도 시간과 끝나지 않은 사랑을 나누고 있었다.

산성은 기울듯 하늘에 솟고
바다는 흔들릴 듯 고요한데
매화는 잠 깰 듯 실눈꽃 뜨네.

동시영 ————————————————————————————

동국대학교 국어국문학과 졸업
한양대학교 대학원 국어국문학과 졸업(문학박사)
독일 Regensburg대학교 인문학부 수학
현) 한국관광대학 교수

▌주요 논저
『우리 문학과 언어의 재조명』(공저, 1996)
『1950년대 한국문학연구』(공저, 1997)
『언어와 문학의 새 연구』(공저, 1998)
「노천명 시와 기호학」(2005)
「한국문학과 기호학」(2007)
「현대시의 기호학」(2008)
외 논문 다수

▌시집
『미래사냥』(2005)
『낯선 神을 찾아서』(2007)
『神이 걸어주는 전화』(2009) 등

여행에서 문화를 만나다

세계문화관광

초 판 인 쇄 | 2011년 11월 30일
초 판 발 행 | 2011년 11월 30일

지 은 이 | 동시영
펴 낸 이 | 채종준
펴 낸 곳 | 한국학술정보㈜
주   소 | 경기도 파주시 문발동 파주출판문화정보산업단지 513-5
전   화 | 031) 908-3181(대표)
팩   스 | 031) 908-3189
홈 페 이 지 | http://ebook.kstudy.com
E-mail | 출판사업부 publish@kstudy.com
등   록 | 제일산-115호(2000. 6. 19)

ISBN   978-89-268-2807-6 93980 (Paper Book)
          978-89-268-2808-3 98980 (e-Book)

이담 Books 는 한국학술정보(주)의 지식실용서 브랜드입니다.